Y0-BYL-372

ONE MILLION
... and more

© 2009 Tectum Publishers
Godefriduskaai 22
2000 Antwerp
Belgium
p + 32 3 226 66 73
f + 32 3 226 53 65
info@tectum.be
www.tectum.be

ISBN: 978-90-79761-00-5
WD: 2009/9021/2
(76)

© 2009 produced by fusion publishing GmbH, Berlin
www.fusion-publishing.com
info@fusion-publishing.com

Team: Mariel Marohn (Editor, texts, editorial coodination), Sandra-Mareike Kreß (Copyediting), Janine Minkner (Layout, Imaging, Pre-Press), Sabine Scholz (Text coordination), Dr. Suzanne Kirkbright – Artes Translations (Translations): Conan Kirkpatrick (English), Marcel Saché (French), Michel Mathijs – M&M Translations (Dutch)

Printed in China

ONE MILLION
... and more

EVERYWHERE IS WALK-
ING DISTANCE IF YOU
HAVE THE TIME.

STEVEN WRIGHT

I NEVER THINK OF THE
FUTURE—IT COMES
SOON ENOUGH.

ALBERT EINSTEIN

IF YOU CAN COUNT
YOUR MONEY, YOU
DON'T HAVE A BILLION
DOLLARS.

J. PAUL GETTY

MORE THAN JUST A NUMBER

1,000,000—a fascinating number, isn't it? It stands for fantastically huge amounts, uncountable sums of money, time unlimited, incredibly high probabilities and insurmountable distances. However, there are certain direct comparisons that make even 1,000,000 seem small.

For instance, did you know that we spend approximately 3 years—a whopping 1,500,000 seconds—of our lives on the john? But compared to the 2,300,000,000 seconds of our average lives, that's not a whole lot, is it? Especially if we remember that our universe has been in existence for 13,730,000,000 years. That amounts to a mind-boggling 432,989,280,000,000,000 seconds.

Or did you know that, of the 6,700,000,000 people living on our planet, only 10,000,000 have more than $1,000,000? If nothing else, we're talking about 3,000,000 more people than Switzerland has residents. The majority of us can probably only dream of having that much money to our names. Haven't you ever dreamed about winning $1,000,000 in the lottery? Go ahead, because the chances of hitting the jackpot are only 1:139,800,000. That's like finding a matching lock for an anonymous apartment key in a big city like Paris. Chances are, you're much more likely to get struck by lightning instead!

On the following pages you'll find many more captivating and surprising examples. While each one of them speaks for itself, together they all cast the number 1,000,000 in a whole new light, showing it is so much more than just a number.

Mariel Marohn

PLUS QU'UN SIMPLE NOMBRE

1.000.000 – Nombre fascinant, qui fait penser à une grosse somme d'argent, un temps infini, une forte probabilité ou une distance infranchissable. Mais 1.000.000 peut aussi bien renvoyer à quelque chose d'infiniment petit.

Saviez-vous par exemple que chacun d'entre nous reste aux toilettes environ 1.500.000 secondes durant toute sa vie, soit 3 années entières ? Un nombre pas si considérable en fait, si on le compare aux 2.300.000.000 de secondes que dure une vie humaine en moyenne. Et encore plus négligeable si l'on pense que notre univers existe depuis 13.730.000.000 d'années, soit 432.989.280.000.000.000 de secondes.

Saviez-vous encore que parmi les 6.700.000.000 d'humains vivant sur Terre, 10.000.000 sont millionnaires en dollars, soit 3.000.000 de plus que la population totale de la Suisse ? La plupart des gens, néanmoins, ne peuvent que rêver d'avoir une somme pareille sur leur compte en banque. C'est pourquoi ils jouent au loto. Mais là encore, la probabilité de décrocher la cagnotte n'est que d'une chance sur 139 800 000. C'est comme si vous aviez la clé d'un appartement à Paris, sans savoir où il se trouve exactement – une probabilité tellement faible que vous avez nettement plus de « chances » d'être frappé par la foudre un jour ou l'autre.

Les pages qui suivent présentent d'autres exemples de ce type, tous plus intéressants et surprenants les uns que les autres. Gageons qu'en refermant ce livre, vous serez convaincu que « 1.000.000 » est bien plus qu'un simple nombre.

Mariel Marohn

FA 98338116 A
FF98838116 A
FG 18338116 A
FG 78338116 A
FG 98338116 A
AG 98338116 A
THIS NOTE IS LEGAL TENDER FOR ALL DEBTS, PUBLIC AND PRIVATE
100

中国海运集团
CHINA

MEER DAN ZOMAAR EEN GETAL

1.000.000 – toch wel een fascinerend getal, niet? Het staat voor waanzinnig hoge bedragen, ontelbare sommen geld, oneindig veel tijd, ongelooflijk hoge kansberekeningen en onoverbrugbare afstanden. Er zijn echter ook directe vergelijkingen mogelijk die 1.000.000 zelfs klein doen lijken.

Wist je bijvoorbeeld dat we ongeveer 3 jaar – dat is een slordige 1.500.000 seconden – van ons leven op het toilet doorbrengen? Maar vergeleken met de 2.300.000.000 seconden van onze gemiddelde levens is dat toch dan weer niet zoveel, wel? Vooral niet als we eraan denken dat ons universum al 13.730.000.000 jaren bestaat. Dat zijn een verbijsterende 432.989.280.000.000.000 seconden.

Of wist je dat van de 6.700.000.000 mensen die op onze planeet leven, slechts 10.000.000 meer dan $1.000.000 bezitten? We hebben het dan, om maar iets te noemen, over 3.000.000 meer mensen dan Zwitserland inwoners telt. De meerderheid onder ons kan wellicht alleen maar dromen van zoveel geld. Of heb jij er misschien nog nooit van gedroomd om $1.000.000 te winnen met de lotto? Droom gerust verder want de kans om de jackpot te winnen, bedraagt slechts 1 op 139.800.000. Dat is zoiets als het vinden van een passend slot voor een anonieme appartementssleutel in een grote stad als Parijs. Dan heb je meer kans om door een blikseminslag te worden getroffen!

Op de volgende bladzijden vind je nog veel meer boeiende en verrassende voorbeelden. En waar ze alle, één voor één, voor zich spreken, zetten ze allemaal samen het getal 1.000.000 toch in een heel nieuw licht dat aangeeft dat het zoveel meer is dan zomaar een getal.

Mariel Marohn

Everywhere is walking distance
if you have the time.

Steven Wright

DISTANCE

976,000,000

LONDON HAS THE WORLD'S LONGEST SUBWAY

The world's oldest and longest subway network with more than 400 kilometers is located beneath England's capital city. Every day, the 'Tube', as Britons lovingly refer to it, transports an average of 2,670,000 passengers, its annual record standing at 976,000,000 rides. Especially in the morning hours, Londoners use it en masse, as it's the only means of transportation in this city of millions that takes them to work on time. That explains why Waterloo Station alone counts an average 46,000 passengers during morning rush hour.

LONDRES A LE PLUS LONG MÉTRO DU MONDE

Le métro de Londres est non seulement le plus vieux du monde, mais aussi le plus long, puisque son réseau couvre plus de 400 kilomètres. Quelque 2.670.000 personnes en moyenne empruntent tous les jours le « tube » (comme les Londoniens l'appellent), avec un record annuel de 976.000.000 de passagers. La cohue étant particulièrement impressionnante le matin, seul le métro permet d'arriver à l'heure au bureau. Rien qu'à Waterloo Station, on compte ainsi jusqu'à 46.000 personnes en moyenne aux heures de pointe.

LONDON HEEFT 'S WERELDS LANGSTE METRONETWERK

's Werelds oudste – en met meer dan 400 kilometer ook langste – metronetwerk ligt onder de hoofdstad van Engeland. Elke dag vervoert de 'Tube', zoals de Britten de metro liefdevol noemen, gemiddeld 2.670.000 passagiers. Het jaarrecord staat op 976.000.000 ritten. Vooral in de ochtendspits maken de Londenaars er massaal gebruik van, omdat het het enige transportmiddel in deze miljoenenstad is dat hen tijdig op hun werk brengt. Dit verklaart meteen waarom Waterloo Station alleen al tijdens het ochtendlijke spitsuur gemiddeld 46.000 passagiers telt.

UNDERGROUND

Tottenham Court Road
Covent Garden
St. Paul's
Bank
Aldgate
Green Park
Piccadilly Circus
Leicester Square
Mansion House
Cannon Street
Monument
Tower Hill
Charing Cross
Blackfriars
St. James's Park
Temple
Westminster
Embankment

ISLAND
Jan Mayen
EUROPÄISCHES NORDMEER
NÖRDLICHER POLARKREIS
GROSSBRITANNIEN UND NORDIRLAND
IRLAND
SHETLAND
FÄRÖER
DÄNEMARK
STOCKHOLM
FINNLAND
ESTLAND
LETTLAND
LITAUEN
MOSKAU
BELARUS
POLEN
UKRAINE
DEUTSCHLAND
FRANKREICH
PARIS
ÖSTERREICH
UNGARN
RUMÄNIEN
MOLDOVA
BULGARIEN
ITALIEN
SPANIEN
MADRID
PORTUGAL
BALEAREN
SARDINIEN
KORSIKA
ALGERIEN
SAHARA
MAROKKO
TUNESIEN
MAURETANIEN
TRIPOLITANIEN
KRETA
TÜRKEI
SYRIEN
ZYPERN
ISTANBUL
GEORGIEN
ARMENIEN
KANARISCHE INSELN
FUERTEVENTURA
AZOREN
ALBANIEN
NÖRDLICHER WENDEKREIS
AHAGGAR
CYRENAIKA
ALEXANDRIA
SCHWARZES MEER
OSTSEE

40,000,000

AROUND THE WORLD—40 MILLION METERS

In what is undoubtedly Jules Verne's most famous novel, the hero travels around the world in just 80 days. Today, in the era of automobiles and jet planes, traveling around the world in that amount of time would certainly seem like a fool's bet, wouldn't it? However, try covering the 40,000,000 meters of the Earth's circumference on foot! At an average speed of 6 KPH, it would be akin to an adult male going out for a walk for the next 2.28 years—always assuming he also takes time to rest.

LE TOUR DU MONDE EN – 40 MILLIONS DE MÈTRES

On connaît bien le roman de Jules Vernes Le tour du monde en 80 jours. Un tour de la Terre réalisé à cette vitesse n'a cependant plus rien d'exceptionnel à une époque où la voiture et l'avion sont des réalités quotidiennes. Il en va autrement si l'on entend faire à pied les 40.000.000 de mètres qui correspondent à la circonférence de la planète. Un adulte marchant à une vitesse moyenne de 6 kilomètres/ heure ferait ainsi le tour de la Terre en 2,28 ans – en comptant les heures de sommeil.

DE WERELD ROND – 40 MILJOEN METER

In wat ongetwijfeld Jules Vernes beroemdste roman is, reist de held de wereld rond in precies 80 dagen tijd. Vandaag, in het tijdperk van auto's en straalvliegtuigen, zou je al gek moeten zijn om te durven wedden dat iemand er niet zou in slagen om in die tijd de wereld rond te reizen. Probeer anderzijds maar eens de 40.000.000 meter van de aardomtrek te voet af te leggen! Aan een gemiddelde snelheid van 6 km/uur zou het een volwassen man op een wandeling van 2,28 jaar komen te staan – ervan uitgaand dat hij ook de nodige tijd neemt om te rusten.

92 6505
F 28.05.04
K 31.01.04

9,288,000

TRANS-SIBERIAN RAILWAY COVERS 9.2 MILLION METERS

At a length of 9,288,000 meters, the Trans-Siberian Railway covers the longest active railway line in the world. Its point of departure for more than 70 years has been the Yaroslav train station in Moscow. From there, the train takes a full 6 days, or about 144 hours spent solely on traveling, before arriving at its destination, Vladivostok. But don't put all the blame on the train's leisurely average speed of 58 KPH. Along its vast route, the Trans-Siberian Railroad stops at no fewer than 369 stations.

9,2 MILLIONS DE MÈTRES À TRAVERS LA SIBÉRIE

Avec une longueur totale de 9.288.000 mètres, le Transsibérien est la plus longue ligne de chemin de fer active au monde. Depuis plus de 70 ans, les convois partent de la gare de Yaroslav à Moscou, pour arriver à la gare de Yaroslav 6 jours plus tard, après avoir roulé pendant environ 144 heures. Une vitesse moyenne de 58 kilomètres/heure permet d'apprécier le paysage, tandis que les 369 gares où le train s'arrête permettent de faire connaissance avec la vie locale.

DE TRANS-SIBERISCHE SPOORLIJN IS 9,2 MILJOEN METER LANG

Met een lengte van 9.288.000 meter is de Trans-Siberische Spoorlijn de langste nog actief gebruikte spoorlijn ter wereld. Haar vertrekpunt is al meer dan 70 jaar het Yaroslav-treinstation in Moskou. Van daaruit duurt het een volle 6 dagen, of een reistijd van ongeveer 144 uur, alvorens men aan haar eindpunt, Vladivostok, arriveert. Maar dit is niet alleen te wijten aan de – toegegeven – gezapige gemiddelde snelheid van 58 km/uur. Op haar enorme traject stopt de Trans-Siberische Trein in niet minder dan 369 stations.

1,599,148,305

THE DISTANCE OF THE NYC MARATHON

Every year, New York City hosts one of the most famous races in the world—the New York Marathon. Participants arrive from more than 100 countries to take part in this major event. In 2008, there were 37,899 runners covering 42,195 kilometers to cross the finish line in Central Park. They did so under the cheers of 2,000,000 people along the way. Together, all participants completed 1,599,148,305 meters—the equivalent of circumventing Earth almost 40 times.

LA DISTANCE DU MARATHON DE NEW YORK

Le marathon de New York, organisé tous les ans, compte parmi les plus célèbres manifestations de ce type au niveau mondial et attire des participants venus d'une centaine de pays. En 2008, ils étaient 37 899 à couvrir la distance de 42,195 mètres entre la ligne de départ et l'arrivée à Central Park. Plus de 2.000.000 de personnes étaient massées le long du parcours. Ensemble, tous les participants ont couvert une distance de 1.599.148.305 mètres, c'est-à-dire près de 40 fois le tour de la Terre.

DE AFSTAND VAN DE MARATHON VAN NEW YORK

Jaarlijks speelt New York City gastheer voor een van de beroemdste loopwedstrijden ter wereld – de Marathon van New York. De deelnemers komen uit meer dan 100 landen om dit mega-evenement mee te maken. In 2008 waren er 37.899 lopers die de 42,195 kilometer tot aan de finish in Central Park aflegden. Ze deden dit onder de luide aanmoedigingen van 2.000.000 toeschouwers langsheen het parcours. Samen legden alle deelnemers 1.599.148.305 meter af – het equivalent van bijna 40 keer de omtrek van de aarde.

CASH CASH
ITALIA
Reston Runners
4357 B
5358 B

384,400,000

THE DISTANCE BETWEEN THE EARTH AND THE MOON IS 384 MILLION METERS

Every kid knows the Man in the Moon. The only time we see his smiling face, however, is when there's a full moon. One of the reasons why the moon is hard to see is its distance to our Earth. On average, there are 384,400,000 meters between Brother Moon and us. Yet, on July 21, 1969, Neil Armstrong succeeded in overcoming that distance—becoming the first man to set foot on Earth's satellite. 11 more astronauts would follow suit, the last one in 1972. Ever since, the Man in the Moon has been able to enjoy looking upon our planet without getting some kind of object in his eyes.

DE LA TERRE À LA LUNE : PLUS DE 384 MILLIONS DE MÈTRES

Durant des siècles, les rêveurs qui étaient « dans la Lune » n'avaient assurément pas « les pieds sur Terre », puisque 384.400.000 mètres en moyenne séparent les deux corps célestes. Pourtant, le 21 juillet 1969, l'Américain Neil Armstrong a réconcilié tout le monde en étant le premier Homme à marcher sur notre satellite naturel. 11 autres astronautes l'ont suivi, le dernier en 1972. Depuis, la Lune semble avoir perdu de son intérêt pour les scientifiques – et être redevenu le domaine de prédilection des rêveurs.

DE AFSTAND TUSSEN DE AARDE EN DE MAAN BEDRAAGT 384 MILJOEN METER

Elk kind kent Janneke Maan. Het enige ogenblik waarop we zijn lachend gezicht zien, is echter bij volle maan. Een van de redenen waarom we de maan maar moeilijk kunnen zien, is de enorme afstand tot onze aarde. Gemiddeld liggen er 384.400.000 meter tussen de maan en ons. Toch slaagde Neil Armstrong er op 21 juli 1969 in om deze afstand te overbruggen en zo de eerste man te worden om voet te zetten op deze satelliet van de aarde. Nog 11 andere astronauten zouden volgen, de laatste in 1972. Sindsdien lukt het Janneke Maan opnieuw om naar onze planeet te kijken zonder meteen een of ander object in zijn ogen te krijgen.

150,000,000

EVERY DAY, HUMAN HAIR GROWS ALL THE WAY TO THE SUN

Sometimes, our hairdressers go a little overboard and take off too much of our precious hair. Not to worry, though—it always grows back. And, boy, does it! Every day, the hair on the head of every person on the planet grows by 150,000,000 kilometers, equaling the distance from the Earth to the sun. In other words, our hair grows 0.33 millimeters everyday. So if you just wait a month after your last haircut, you will have gained 1 centimeter in hair length. Like it or not, but your next haircut is already just around the corner.

DES CHEVEUX LONGS DE LA TERRE AU SOLEIL

Vous revenez de chez le coiffeur mécontent(e) car il vous a coupé les cheveux trop court ? N'ayez crainte : ils repousseront ! Pensez que nos cheveux poussent de 0,33 millimètre par jour, de sorte que la croissance des cheveux de tous les êtres humains en une seule journée représente 150.000.000 de kilomètres au total, soit la distance de la Terre au Soleil. Un mois après cette coupe de cheveux désastreuse, vos cheveux auront déjà repoussé de 1 centimètre – et il sera bientôt temps de retourner chez le coiffeur.

ELKE DAG GROEIT HET MENSELIJK HAAR HELEMAAL TOT AAN DE ZON

Soms zijn onze kappers een beetje al te enthousiast en knippen ze teveel van ons kostbare haar af. Geen nood, het groeit altijd terug. En hoe! Elke dag groeit het haar op het hoofd van alle mensen op de planeet 150.000.000 kilometer – de afstand van de aarde tot de zon. Ons haar groeit met andere woorden met 0,33 millimeter per dag. Een maand na je laatste knipbeurt zal je haar dus 1 centimeter in lengte gegroeid zijn. Of je het nu leuk vindt of niet, je volgende beurt bij de kapper is nooit ver weg.

100,000,000

100 MILLION BUTTERFLIES TRAVERSE AMERICA

A Monarch butterfly only weighs 1 to 2 grams. Despite its tender body, however, its capabilities are astounding. Every autumn 100,000,000 butterflies leave Canada and the United States heading due south. Their migration takes them more than 3,000 kilometers across the North American Continent. Arriving at their winter quarters in Mexico, as many as 14,000,000 butterflies per hectare will crowd the trees and the ground. They only spend 2 to 3 months there before the next generation begins the journey back home.

100 MILLIONS DE PAPILLONS TRAVERSENT L'AMÉRIQUE

Le monarque est un papillon surprenant. En dépit de son poids-plume (1 à 2 grammes), il effectue une migration d'environ 3.000 kilomètres à travers l'Amérique du Nord. À l'automne, près de 100.000.000 de monarques traversent ainsi le Canada et les États-Unis en direction du Mexique, où ils hibernent avec une concentration pouvant aller jusqu'à 14.000.000 de papillons à l'hectare. Ils y séjournent pour une période de 2 à 3 mois avant que la prochaine génération se prépare pour le trajet inverse.

100 MILJOEN VLINDERS DOORKRUISEN AMERIKA

Een monarchvlinder weegt slechts 1 tot 2 gram. Maar ondanks zijn nietige omvang zijn zijn capaciteiten bewonderenswaardig. Elke herfst trekken 100.000.000 vlinders vanuit Canada en de Verenigde Staten naar het zuiden. Deze grote trek brengt hen meer dan 3.000 kilometer ver, dwars door het Noord-Amerikaanse continent. Wanneer ze aan hun winterverblijfplaats in Mexico aankomen, zullen zomaar eventjes 14.000.000 vlinders per hectare de bomen en het land bevolken. Ze brengen hier slechts 2 tot 3 maanden door alvorens de volgende generatie aan haar trek terug naar huis begint.

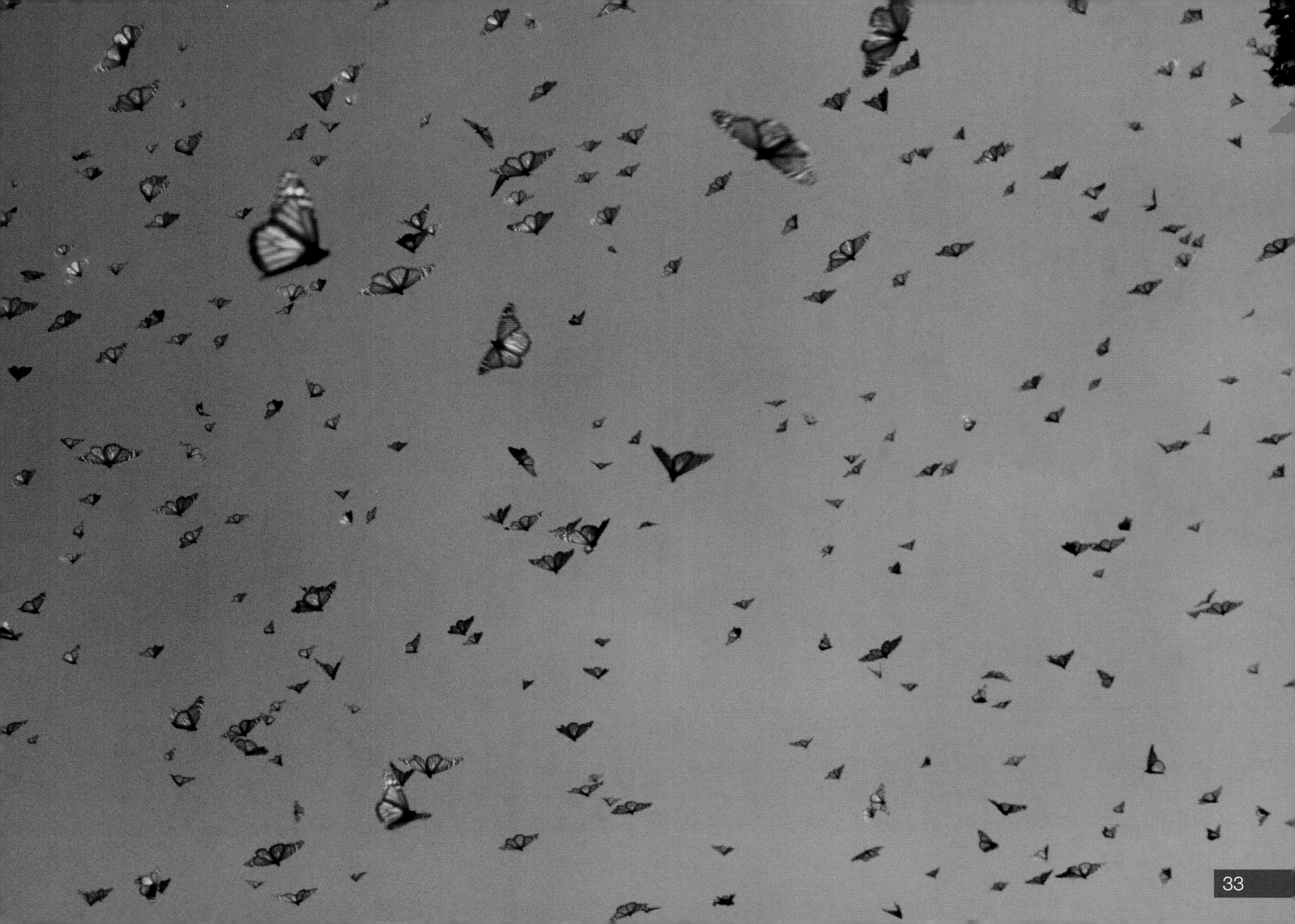

30,000,000

THE WORLD'S LONGEST ROAD IS 30 MILLION METERS LONG

If you're in Alaska dreaming of the sunny south, you could just hop in your car and take the Carretera Panamericana. In that case, you'd be taking the longest road in the world, stretching from the northernmost part of the American continent all the way to the southernmost tip of Argentina. All it takes is 30,000,000 meters on a trip through 17 states, 4 climate zones and 6 time zones before you reach your dream destination. Hopefully, it won't take you that long to realize you didn't turn your iron off back home in Alaska.

LA ROUTE LA PLUS LONGUE A 30 MILLIONS DE METRES

Si vous êtes en Alaska et rêvez d'aller vous dorer au soleil plus au sud, rien de plus simple : montez dans votre voiture et suivez la Route Panaméricaine, qui vous mènera à l'autre bout du continent. Cette route est la plus longue au monde, puisqu'elle relie l'extrême nord de l'Amérique à l'extrême sud de l'Argentine. Longue d'environ 30.000.000 de mètres, elle traverse 17 pays, 4 zones climatiques et 6 fuseaux horaires. Après un tel voyage, lorsqu'on arrive à Ushuaia, mieux vaut ne pas s'apercevoir qu'on a oublié de débrancher le fer à repasser à son départ d'Alaska …

'S WERELDS LANGSTE WEG IS 30 MILJOEN METER LANG

Als je in Alaska van het zonnige zuiden droomt, kan je gewoon in je wagen springen en de Carretera Panamericana af rijden. Je neemt dan de langste weg ter wereld, die zich van in het meest noordelijk gelegen deel van het Amerikaanse continent helemaal uitstrekt tot aan de meest zuidelijke tip van Argentinië. Een tocht van 30.000.000 meter voert je doorheen 17 staten, 4 klimaatzones en 6 tijdzones tot aan je gedroomde eindbestemming. Hopelijk duurt het niet zo lang vooraleer je beseft dat je thuis in Alaska het strijkijzer bent vergeten uit te zetten.

**I never think of the future—
it comes soon enough.**

Albert Einstein

toilettes

WC

WC

5,702,400

THE LONGEST POWER OUTAGE LASTED 5,702,400 SECONDS

We never seem to realize just how much our lives depend on electricity until we're suddenly without it. Just imagine—no TV, no radio, no computers! Luckily, it usually takes just a few minutes before power is restored. And that's what everybody was hoping for on February 19, 1998, in Auckland, New Zealand, when all of a sudden they found themselves in the dark. Instead, 7,500 households waited 66 days and nights before the lights came back on and they no longer had to depend on candles.

RESTER DANS LE NOIR PENDANT 5.702.400 SECONDES

L'électricité est omniprésente dans notre vie. On s'en rend bien compte lorsqu'il y a une panne : plus de lumière, plus de télé, plus d'ordinateur ! En général, le courant est rétabli en quelques minutes. C'est aussi ce qu'espéraient les habitants d'Auckland, en Nouvelle-Zélande, lors de la panne du 19 février 1998. Néanmoins, quelque 7.500 ménages ont dû attendre 66 jours avant que le courant revienne – et s'éclairer à la bougie pendant 66 nuits.

DE LANGSTE STROOMONDERBREKING OOIT DUURDE 5.702.400 SECONDEN

We vergeten maar al te vaak hoe sterk we afhankelijk zijn van elektriciteit, tot we plots zonder zitten. Stel je even voor – geen TV, geen radio, geen computers! Gelukkig duurt het gewoonlijk slechts enkele minuten voordat de stroomtoevoer hersteld is. Dat was in elk geval ook waar iedereen in Auckland, in Nieuw-Zeeland, op hoopte toen ze op 19 februari 1998 plots allemaal in het donker zaten. Niet dus! 7.500 huishoudens moesten 66 dagen en nachten wachten voordat de lichten terug aan gingen en ze het niet langer met kaarsen moesten stellen.

13.008.480

WE SLEEP THROUGH 13 MILLION MINUTES OF OUR LIVES

The fear of sleeping through life is actually not as overrated as it may seem at first glance. On average, we all sleep through approximately one third of our lives. That's 13,008,480 minutes we either spend in bed, snoozing on the subway or anywhere else that fatigue gets the better of us. No matter how we try to ward off sleep, our eyes will inevitably fall shut at some point. It's simply our way of gathering strength to face a new day and new challenges. That said—sweet dreams!

DORMIR PENDANT 13 MILLIONS DE MINUTES DE NOTRE VIE

Avec 13.008.480 minutes passées à dormir dans notre lit, à somnoler dans le métro et à faire la sieste ici ou là, nous consacrons environ le tiers de notre vie au sommeil. Il est impossible de ne pas s'endormir et tôt ou tard, la fatigue finit toujours par l'emporter. S'agit-il d'une pure perte de temps, d'un véritable gaspillage ? Sûrement pas, car seul le sommeil nous permet de reconstituer nos forces et d'affronter ainsi le quotidien. Bonne nuit et... bon réveil !

WE VERSLAPEN 13 MILJOEN MINUTEN VAN ONS LEVEN

De vrees je leven te verslapen, is eigenlijk niet zo ongegrond als op het eerste gezicht mag lijken. Gemiddeld verslapen we allemaal ongeveer een derde van ons leven. Dat zijn 13.008.480 minuten die we in bed doorbrengen of tijdens welke we op de metro of elders, wanneer de vermoeidheid ons parten speelt, wegdoezelen. Wat we ook doen om wakker te blijven, op een bepaald ogenblik zullen onze ogen onvermijdelijk dichtvallen. Het is nu eenmaal onze manier om krachten te verzamelen voor een nieuwe dag en nieuwe uitdagingen. Dit gezegd zijnde, droom zacht alvast!

13,730,000,000

OUR UNIVERSE IS 13.7 BILLION YEARS OLD

Nothing is older than our universe. Its beginning marks the beginning of all—according to the Big Bang Theory, there was simply nothing at all before it. Today, precise measurements gathered via satellite have enabled scientists to come relatively close at estimating the age of the universe. They've concluded the universe can look back on a mind-blowing 13,730,000,000 years—given a "minor" margin of error of plus minus 120,000,000 years.

UN UNIVERS VIEUX DE 13,7 MILLIARDS D'ANNÉES

La théorie du Big Bang renvoie à la création de notre univers, point de départ de toute chose concevable, avant laquelle rien n'existait. En utilisant un satellite et des dispositifs de mesure très sophistiqués, les scientifiques ont réussi à localiser cet instant avec une relative précision. Selon eux, l'univers serait vieux de 13.730.000.000 d'années – nombre difficilement concevable – tenant compte d'une marge d'erreur de « seulement » 120.000.000 d'années.

ONS HEELAL IS 13,7 MILJARD JAREN OUD

Niets is ouder dan ons heelal. Het begin ervan markeert het begin van alles – volgens de Big Bang theorie was er hiervoor helemaal niets. Vandaag kunnen wetenschappers dankzij heel precieze satellietmetingen vrij accuraat de leeftijd van het heelal bepalen. Ze zijn daarbij tot het besluit gekomen dat het heelal kan terugblikken op een duizelingwekkende 13.730.000.000 jaar – rekening houdend met een 'minieme' foutenmarge van ongeveer 120.000.000 jaar.

176,076,000

THE WORLD'S LONGEST WAR LASTED 176 MILLION MINUTES

Imagine there's war—and nobody knows about it! In the year 1651, the Netherlands decided to cancel peace with the Scilly Islands, a secondary arena of the English Civil War. Owing to other more urgent matters at the time, however, the situation quickly fell into oblivion. That is, until 1985 when a historian realized that nobody had ever lifted the state of war. Thereupon, both parties quickly signed a peace treaty, finally putting an end to the longest war in history after 335 years.

UNE GUERRE INTERMINABLE : 176 MILLIONS DE MINUTES

Imagine : c'est la guerre... et personne n'est au courant ! En 1651, alors que la guerre civile ravageait l'Angleterre, les Pays-Bas ont déclaré la guerre aux îles Scilly. Ce petit archipel de la Manche n'ayant pas une importance stratégique capitale, le conflit sombra bientôt dans l'oubli. Ce n'est qu'en 1985 qu'un historien s'est aperçu que les deux nations étaient toujours en guerre. Un traité fût signé dans les plus brefs délais, mettant ainsi fin au plus long conflit de l'histoire : une guerre qui avait duré 335 ans.

'S WERELDS LANGSTE OORLOG DUURDE 176 MILJOEN MINUTEN

Stel je een oorlog voor waarvan niemand iets merkt of weet! In 1651 verklaarde Nederland de oorlog aan de Scilly-eilanden, een secundaire oorlogsgebied tijdens de Engelse Burgeroorlog. Door andere, op dat moment dringender aangelegenheden raakte de situatie echter in de vergetelheid. Tot in 1985, toen een historicus zich realiseerde dat niemand de staat van oorlog ooit had opgeheven. Daarop sloten beide partijen snel een vredesakkoord, waarmee na 335 jaar eindelijk een einde kwam aan de langste 'oorlog' uit de geschiedenis.

5,597,640

THE LONGEST CONCERT WILL LAST 639 YEARS

When composer John Cage published his composition "Organ²/ASLSP" back in 1987, he must have done so under the assumption that it would never actually be performed live. It wasn't because he lacked self-confidence, but because of the length of his composition. Cage left directions to perform his work as slowly as possible—which will take a total of 639 years. Apparently, Halberstadt, Germany, took up the challenge and began to perform the piece in the year 2000. It is expected to conclude after 5,597,640 hours in the year 2639.

UN CONCERT QUI DURERA 639 ANS

Lorsque le musicien John Cage publia Organ²/ASLSP en 1987, il ne s'imaginait probablement pas qu'un jour il serait interprété live. Non pas que le compositeur eût douté de son talent, mais plutôt à cause de la longueur exceptionnelle de l'œuvre : Cage a stipulé que les musiciens devaient jouer le plus lentement possible, de sorte que le morceau durerait 639 ans. Des musiciens de Halberstadt, en Allemagne, ont relevé le défi et commencé à jouer Organ²/ASLSP en l'an 2000. Le concert devrait se terminer 5.597.640 heures plus tard, soit en l'an 2639.

HET LANGSTE CONCERT ZAL 639 JAAR DUREN

Toen componist John Cage zijn compositie "Organ²/ASLSP" in 1987 publiceerde, moet hij dat gedaan hebben in de veronderstelling dat ze nooit live zou worden uitgevoerd. Niet omdat het hem aan zelfvertrouwen zou ontbreken, maar gewoon omwille van de lengte van zijn compositie. Cage liet aanwijzingen na om zijn werk zo langzaam mogelijk uit te voeren – waardoor de uitvoering in totaal 639 jaar in beslag zou nemen. Blijkbaar ging Halberstadt, in Duitsland, de uitdaging aan en begon het aan de uitvoering van het stuk in het jaar 2000. Naar verwachting zal het na 5.597.640 uur in het jaar 2639 eindelijk voltooid zijn.

28,944,000

28,944,000 SECONDS OF RAIN A YEAR ON WAIALEALE, HAWAII

Asked to name the rainiest place on Earth, most of us are apt to think of England—a country where even a light drizzle qualifies as nice weather. But who would ever think of Hawaii? Well, if you're ever planning a hike up Waialeale Mountain on the island of Kauai, be sure to keep an umbrella in your backpack. Here's a place where bad weather prevails 28,944,000 seconds or 335 days a year with a precipitation of 11,648 liters per square meter.

28.944.000 SECONDES DE PLUIE TOUS LES ANS, HAWAÏ

L'Angleterre, où l'on considère qu'il fait beau même qu'il y a une légère bruine, a la réputation d'être un pays très pluvieux. À tord, car il pleut beaucoup plus... dans l'archipel d'Hawaii. Si vous voulez par exemple escalader le mont Waialeale, sur l'île de Kauai, n'oubliez surtout pas d'emporter un parapluie : il y pleut 28.944.000 secondes par an, soit 335 jours sur 365. Les précipitations s'y élèvent à 11.648 litres au mètre carré.

28.944.000 SECONDEN REGEN PER JAAR OP WAIALEALE, HAWAÏ

Als iemand vraagt naar de meest regenachtige plek ter wereld, zijn velen van ons geneigd te denken dat dit wel Engeland moet zijn – een land waar zelfs een lichte motregen al als vrij mooi weer wordt beschouwd. Hawaï is dan weer een van de laatste plaatsen waar je aan zou denken. Welnu, als je ooit het plan zou opvatten om de Waialealeberg op het eiland Kauai te beklimmen, vergeet dan zeker niet je paraplu in je rugzak te stoppen. Hier is het 28.944.000 seconden of 335 dagen per jaar slecht weer, met 11.648 liter neerslag per vierkante meter.

2,000,000

ANTARCTICA HASN'T SEEN ANY RAIN IN 2 MILLION YEARS

Picture a place without any rain. Think it's a desert? Well, think again. Neither the Sahara nor Death Valley can claim the title for being the driest place on Earth. The ice-free dry valleys of Antarctica haven't seen any snow or rain in more than 2,000,000 years. Blame it on icy winds howling across the region's 4,900 square kilometers, thereby keeping temperatures below minus 50 °C.

LE PAYS OÙ IL N'A PAS PLU DEPUIS 2 MILLIONS D'ANNÉES

Un pays où il ne pleut jamais ? Ce ne peut être qu'un désert ! Certes, mais ni le Sahara ni la Vallée de la mort ne méritent le titre de « lieu le plus sec au monde ». Dans les ravins secs de l'Antarctique, une région sans glace qui couvre 4.900 kilomètres carrés, il n'a pas plu ni neigé depuis 2.000.000 d'années. Un vent y souffle à une vitesse qui peut atteindre 320 kilomètres/heure, par des températures avoisinantes –50 °C.

ANTARCTICA HEEFT AL IN GEEN 2 MILJOEN JAAR REGEN GEZIEN

Beeld je een plek in zonder regen. Je denkt dat het de woestijn is? Wel, denk dan nog eens na. Noch de Sahara, noch Death Valley kunnen zich beroepen op de titel van droogste plaats op aarde. De ijsvrije, droge valleien van Antarctica hebben al in meer dan 2.000.000 jaar geen sneeuw of regen meer gezien. Dit komt door de gure ijswinden die over de 4.900 vierkante kilometer grote regio gieren en daarbij de temperatuur onder min. 50° C houden.

4,687,514

THE WORLD'S LONGEST SNEEZING FIT

One January morning in 1981, 13-year-old Donna Griffith of England felt a tickle in her nose. Then she had to sneeze. And sneeze again. What started out harmless enough turned into a daily ordeal for Donna and her family. It wasn't until September 1983 that her ordeal finally ended. Before that, she'd gone through 978 days of 4.687.514 sneezes and an innumerable amount of hankies. This makes the young girl from the British Isles the world record holder in the longest sneezing fit ever. Bless you!

ÉTERNUER SANS S'ARRÊTER

Par un matin de janvier 1981, Donna Griffith, une jeune Anglaise de 13 ans, sentit des picotements dans le nez. Elle éternua, recommença, avant d'éternuer à nouveau, puis encore et encore. Elle devait ainsi éternuer pratiquement sans arrêt jusqu'en septembre 1983. Durant ces 978 jours, elle totalisa 4.687.514 éternuements… et consomma un nombre inconnu de mouchoirs en papier. L'adolescente britannique a battu tous les records en la matière. À vos souhaits !

'S WERELDS LANGSTDURENDE NIESBUI

Op een morgen in januari 1981 voelde de 13-jarige Donna Griffith uit Engeland een kriebel in haar neus. Toen moest ze niezen. En nog eens niezen. Wat onschuldig begon, werd een ware nachtmerrie voor Donna en haar familie. Pas in september 1983 was haar beproeving eindelijk ten einde. Hiervoor had ze 978 dagen en 4.687.514 niesbuien moeten doorstaan – en een ontelbaar aantal zakdoeken vuil gemaakt. Het maakt van de jonge meid uit de Britse eilanden wel de wereldrecordhoudster 'langste niesbui ooit'. Gezondheid!

**If you can count your money,
you don’t have a billion dollars.**

J. Paul Getty

THIS NOTE IS LEGAL TENDER
FOR ALL DEBTS, PUBLIC AND PRIVATE
100
SERIES
FRANKLIN

THE UNITED STATES OF AMERICA
IN GOD WE TRUST
TWENTY DOLLARS
20

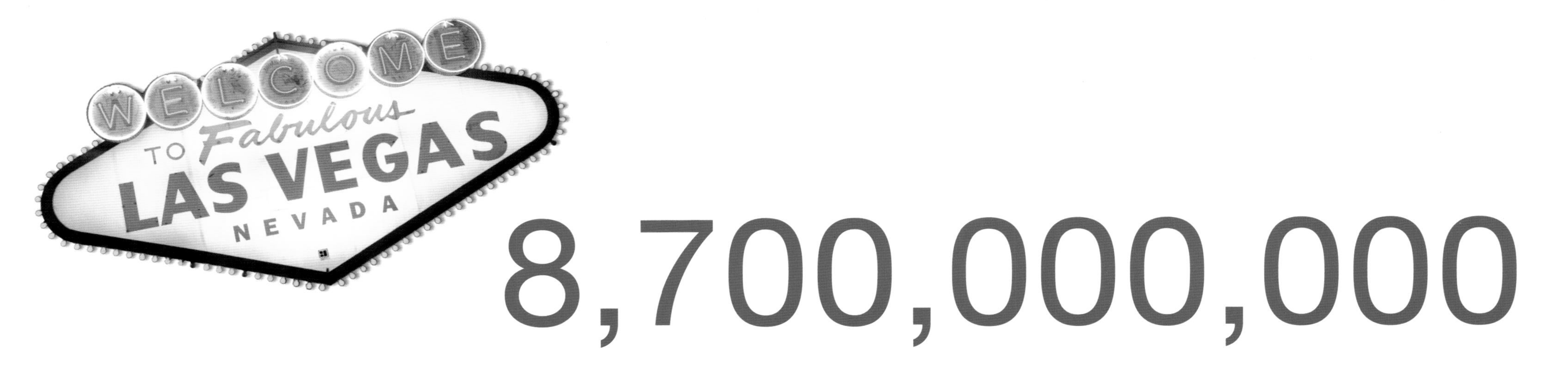

CASINOS IN LAS VEGAS RAKE IN $8.7 BILLION

To some, Las Vegas represents the ultimate sink of iniquity. To others, it's Paradise on Earth. Every year, 38,000,000 visitors pour into the city in the middle of the Nevada desert. Some 100,000 go there intending to tie the knot. The rest, however, simply go there intending to push their luck at the casinos. Luck, however, has a way of playing by its own rules, which is why most of their money ends up in the hands of the banks. It's also why casinos rake in an annual $8,700,000,000.

$ 8,7 MILLIARDS DE CHIFFRE D'AFFAIRES À LAS VEGAS

Paradis pour les uns, lieu de perdition pour les autres : Las Vegas attire 38.000.000 de visiteurs par an. Environ 100.000 personnes y viennent pour se marier, les autres pour tenter leur chance dans un des nombreux casinos de cette ville du Nevada construite au beau milieu du désert. Mais la chance suit ses propres règles, ce pourquoi la majeur partie de l'argent termine dans les mains de la banque. Permettant ainsi aux casinos de Las Vegas de réaliser un chiffre d'affaires annuel de $ 8.700.000.000.

CASINO'S IN LAS VEGAS RIJVEN – $ 8,7 MILJARD BINNEN

Voor sommigen vertegenwoordigt Las Vegas de ultieme poel van verderf. Voor anderen is dit het paradijs op aarde. Elk jaar trekken meer dan 38.000.000 bezoekers naar de stad in het midden van de Nevadawoestijn. Zo'n 100.000 doen dit om er in het huwelijk te treden. Alle anderen willen er gewoon hun geluk komen beproeven in de casino's. Geluk volgt echter haar eigen spelregels – daarom belandt het merendeel van hun geld bij de bank en rijven de casino's elk jaar $ 8.700.000.000 binnen.

CASINO

2nd 12

GAMBLING HALL
1905
CASINO
GOLDEN NUGGET

PLAZA
GOLDEN GATE

20,000,000

BOOK A SPACE TRIP FOR JUST $20 MILLION

"Honey, wanna go on a space trip this year?" Although going on a space trip remains a vision of the distant future, the first space tourists have already been there. In early 2001, Dennis Tito, a civilian, became the first tourist to visit the International Space Station ISS. His trip required the 60-year-old American to undergo training just like a professional astronaut—and to reach deep into his pocket! The billionaire is said to have paid $20,000,000 for his adventure.

$ 20 MILLIONS POUR DES VACANCES DANS L'ESPACE

« Chéri, et si nous partions en vacances dans l'espace cette année ? » Bien que ce ne soit pas encore une destination de masse, l'espace attire déjà des touristes. Au printemps 2001, Dennis Tito, un sexagénaire américain, a été le premier civil à prendre place dans la station spatiale internationale ISS. Il avait auparavant dû s'entraîner comme ses co-équipiers militaires… et débourser plus de $ 20.000.000. Une bagatelle pour un millionnaire en quête d'aventure.

BOEK EEN RUIMTEREIS VOOR AMPER $ 20 MILJOEN

"Schat, zullen we dit jaar eens op ruimtereis gaan?" Hoewel een ruimtereis voor de meesten onder ons een droom voor de verre toekomst blijft, zijn de eerste ruimtetoeristen er toch al geweest. Begin 2001 werd Dennis Tito, een gewone burger, de eerste toerist die het Internationaal Ruimtestation ISS bezocht. Voor zijn reis moest de 60-jarige Amerikaan dezelfde opleiding volgen als een professioneel astronaut – en diep in zijn geldbeugel tasten! De miljardair zou naar verluidt $ 20.000.000 hebben betaald voor zijn avontuur.

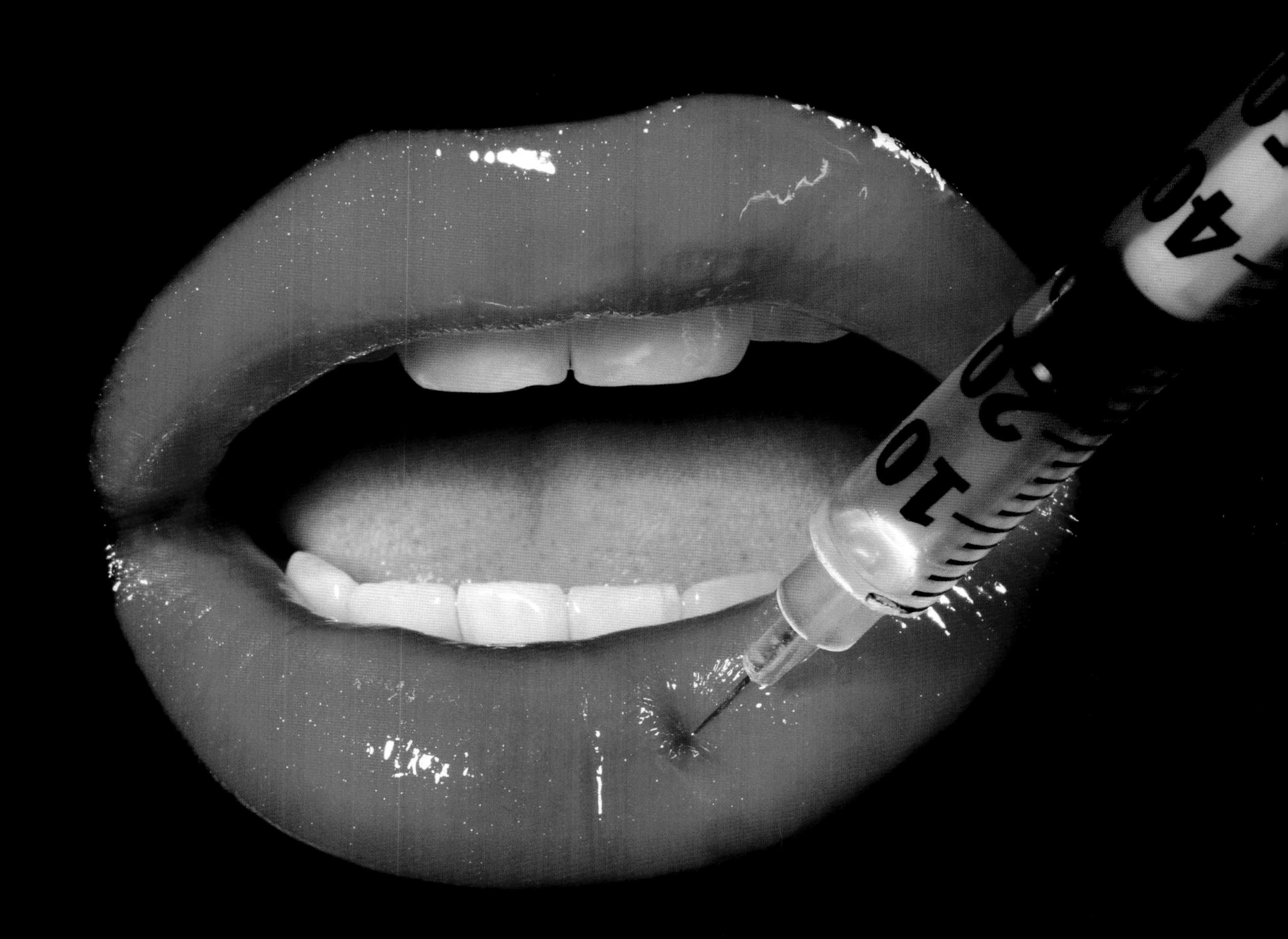
10
40

4,200,000,000,000

4.2 TRILLION REICHSMARKS FOR ONE DOLLAR

From 1914 to 1923, Germany experienced a state of inflation. Attempting to quell national debt, the German government issued an order to print press money. The problem was that these bank notes were unprotected and the result was an unparalleled depreciation of currency. At the height of the inflation in November 1923, $1 bought a whopping 4,200,000,000,000 Reichsmarks. However, as worthless as these notes were back in the day, nowadays they're rare items much sought after by collectors often willing to pay handsome prices for them.

4,2 BILLIONS DE REICHMARKS POUR UN DOLLAR

L'Allemagne a connu l'inflation durant la Première Guerre mondiale. Afin de couvrir ses dettes, le gouvernement allemand a multiplié l'argent en circulation, mais sans que les nouveaux billets imprimés disposent d'une quelconque garantie. Avec pour résultat une monnaie qui a perdu sa valeur dans une mesure sans précédent : en novembre 1923, au plus fort de l'inflation, le taux de conversion était de 4.200.000.000.000 de reichmarks pour $ 1. Les billets de banque allemands de l'époque, qui ne valaient même pas le prix du papier sur lequel ils étaient imprimés, ont aujourd'hui plus de valeur que dans les années 1920 – en tant que pièces de collection.

4,2 BILJOEN REICHSMARKEN VOOR ÉÉN DOLLAR

Van 1914 tot 1923 beleefde Duitsland een periode van inflatie. In een poging om de rijksschuld te beteugelen, vaardigde de Duitse regering een besluit uit om geld bij te drukken. Het probleem was dat deze bankbiljetten niet werden beschermd en het resultaat was dan ook een nooit eerder geziene ontwaarding van de munteenheid. Op het toppunt van de inflatie in november 1923, kon je met $ 1 een duizelingwekkende 4.200.000.000.000 Reichsmarken kopen. Maar hoe waardeloos deze biljetten destijds ook waren, vandaag zijn deze zeldzame items erg in trek bij verzamelaars, die er vaak een aardige cent voor over hebben.

Ihre Zahlung
BAR VERKAUF
MARK-
6 50
NATIONAL
Biomalz

8,700,000

BUGATTI ROYALE SELLS FOR $8.7 MILLION

The Bugatti Type 41, also known as the Bugatti Royale, is a true legend. French automotive engineer Jean Bugatti designed this luxury car in the late 1920s, making the standing elephant mascot on its radiator his immortal trademark. Unfortunately, the economic crisis at the time made it virtually impossible to find buyers who could afford his car. As a result, only 6 of these cars were ever built. And that's exactly what makes them so valuable today. In 1991, a Bugatti Royale was sold for $8,700,000 at an auction—making it the most expensive automobile in the world.

UNE VOITURE VENDUE POUR $ 8,7 MILLIONS

La Bugatti 41, connue sous le nom de « Bugatti Royale », est une voiture légendaire. Ce véhicule de luxe avec pour bouchon de radiateur un éléphant dressé sur ses pattes arrière a été fabriqué en France à la fin des années 1920. Du fait de la crise économique mondiale qui sévissait alors, Jean Bugatti n'en a vendu que 6 exemplaires. Cette rareté exceptionnelle explique le prix record réalisé par la Bugatti Royale lors des ventes aux enchères. Un exemplaire, vendu pour $ 8.700.000 en 1991, en fait le véhicule le plus cher au monde.

BUGATTI ROYALE VERKOCHT VOOR $ 8,7 MILJOEN

De Bugatti Type 41, ook gekend als de Bugatti Royale, is een echte legende. De Franse auto-ingenieur Jean Bugatti ontwierp deze luxewagen in de late jaren 1920 en maakte daarbij een onsterfelijk handelsmerk van de staande olifantmascotte op de radiator. Helaas maakte de economische crisis van die tijd het haast onmogelijk geïnteresseerden te vinden die zich deze wagen konden veroorloven. Bijgevolg werden er slechts 6 van deze wagens gebouwd, en dat is precies de reden waarom ze vandaag zo waardevol zijn. In 1991 werd er een Bugatti Royale op een veiling verkocht voor $ 8.700.000 – meteen de duurste automobiel ter wereld.

1,000,000

ACTRESS SHIRLEY TEMPLE MAKES HER FIRST MILLION AT THE AGE OF 10

Imagine if you will, a little girl having earned $1,000,000 and an Oscar by the time she's 10 years old. That little girl was Shirley Temple, as she danced her way into the hearts of movie audiences back in the 1930s. The trouble was, however, that her fame began to fade at the same rate at which she grew up. Luckily, dancing wasn't the only talent Shirley Temple had! As an adult, she quit the movie business and turned to politics. She ultimately became a U.S. ambassador spending many years in Ghana and Czechoslovakia.

SHIRLEY TEMPLE : MILLIONNAIRE À 10 ANS

Un Oscar en poche et $ 1.000.000 à la banque avant de fêter son 10e anniversaire : qui dit mieux ? C'est pourtant ce qu'a réussi Shirley Temple dans les années 1930, en jouant et dansant dans de nombreuses productions hollywoodiennes. Arrivée à l'âge adulte, elle a mis fin à sa carrière cinématographique et a su tirer profit de ses autres talents. C'est ainsi qu'elle s'est lancée dans une carrière politique et qu'elle est devenue ambassadrice des États-Unis, tout d'abord au Ghana puis en Tchécoslovaquie.

ACTRICE SHIRLEY TEMPLE HAALT HAAR 1STE MILJOEN BINNEN OP 10-JARIGE LEEFTIJD

Stel je even voor: een klein meisje dat $ 1.000.000 heeft verdiend en een Oscar heeft gewonnen op het moment dat ze 10 jaar is. Dat kleine meisje bestaat, ze heette Shirley Temple en ze danste zichzelf naar de harten van het filmpubliek in de jaren 1930. Het probleem was echter dat haar ster begon te tanen tegen hetzelfde tempo dat ze opgroeide. Gelukkig was dansen niet het enige talent dat Shirley Temple had! Als volwassene keerde ze de filmwereld de rug toe en ging ze de politiek in. Uiteindelijk bracht ze het tot Amerikaans ambassadrice die vele jaren doorbracht in Ghana en Tsjechoslovakije.

8,700,000

THERE ARE 8.7 MILLION MILLIONAIRES IN THE WORLD!

Catching a millionaire is not as easy as you think! This exclusive club boasts only 8.7 million members, a number that is quickly put into perspective if you realize it represents only 0.13% of the world's population. Your chances of meeting a millionaire are the highest in the United States, where most of them live. However, if you're hoping to marry into this lucrative group, you're likely to be disappointed: 83% of all millionaires in the world are already taken.

8,7 MILLIONS DE MILLIONNAIRES DANS LE MONDE !

Le club des millionnaires, bien que très fermé, est plus considérable qu'on pourrait le penser : 8,7 millions de membres dans le monde entier. Il convient néanmoins de relativiser ce nombre, puisqu'il ne représente que 0,13 % de la population mondiale. Autant dire que vous avez peu de chance de mettre le grappin sur l'un d'entre eux, Mesdames ! Mais si vous tenez malgré tout à tenter votre chance, il vous faut absolument aller aux États-Unis, puisque c'est là que vivent la majorité des millionnaires. Néanmoins, un autre facteur réduit encore vos chances de succès : 83 % des millionnaires sont déjà mariés.

ER ZIJN 8,7 MILJOEN MILJONAIRS OP DE WERELD!

Een miljonair te pakken krijgen, is niet zo makkelijk als je wel zou denken! Deze exclusieve club telt maar 8,7 miljoen leden, een aantal dat je al snel gaat relativeren zien als je weet dat het slechts 0,13% van de wereldbevolking vertegenwoordigt. De kans dat je een miljonair ontmoet, is het grootst in de Verenigde Staten, waar de meesten wonen. Als je echter hoopt met een van hen te trouwen, moeten we je teleurstellen: 83% van alle miljonairs ter wereld zijn al bezet.

1,000,000

$1 MILLION FOR ONE MILLION PIXELS

His idea was as simple as it was brilliant. Alex Tew, a British college student majoring in business, was trying to figure out how to pay for his education. His first semester alone totaled $8,000. Suddenly it occurred to him to sell advertising space on his homepage and charge one dollar each for 1,000,000 pixels. By late August 2005, he was able to take his "Million Dollar Homepage" online and, before long, his financial worries were a thing of the past! After just a few months, his website was plastered with classified ads and Alex Tew was a millionaire.

$ 1 MILLION POUR UN MILLION DE PIXELS

Comment faire pour financer ses études quand il faut débourser jusqu'à $ 8.000 pour une seule année ? Alex Tew, étudiant britannique en sciences économiques, a trouvé une solution génialement simple : concevoir un site perso de 1.000.000 de pixels et vendre $ 1 pièce chacun des pixels. Alex Tew, qui a mis son site en ligne fin août 2005, a vendu l'intégralité de l'espace publicitaire en quelques mois. Grâce à la « Million Dollar Homepage », il est désormais millionnaire.

$ 1 MILJOEN VOOR ÉÉN MILJOEN PIXELS

Zijn idee was even eenvoudig als geniaal. Alex Tew, een Britse universiteitsstudent bedrijfskunde probeerde een manier te vinden om zijn studie te betalen. Zijn eerste semester alleen al had hem $ 8.000 gekost. Plots kwam hij op het idee om ruimte op zijn homepage te verkopen voor publiciteit en één dollar te vragen voor elk van het 1.000.000 pixels. Tegen eind augustus 2005 zette hij zijn 'Million Dollar Homepage' online en het duurde niet lang of zijn financiële moeilijkheden waren voltooid verleden tijd! In slechts enkele maanden tijd stond zijn website vol advertenties en was Alex Tew miljonair.

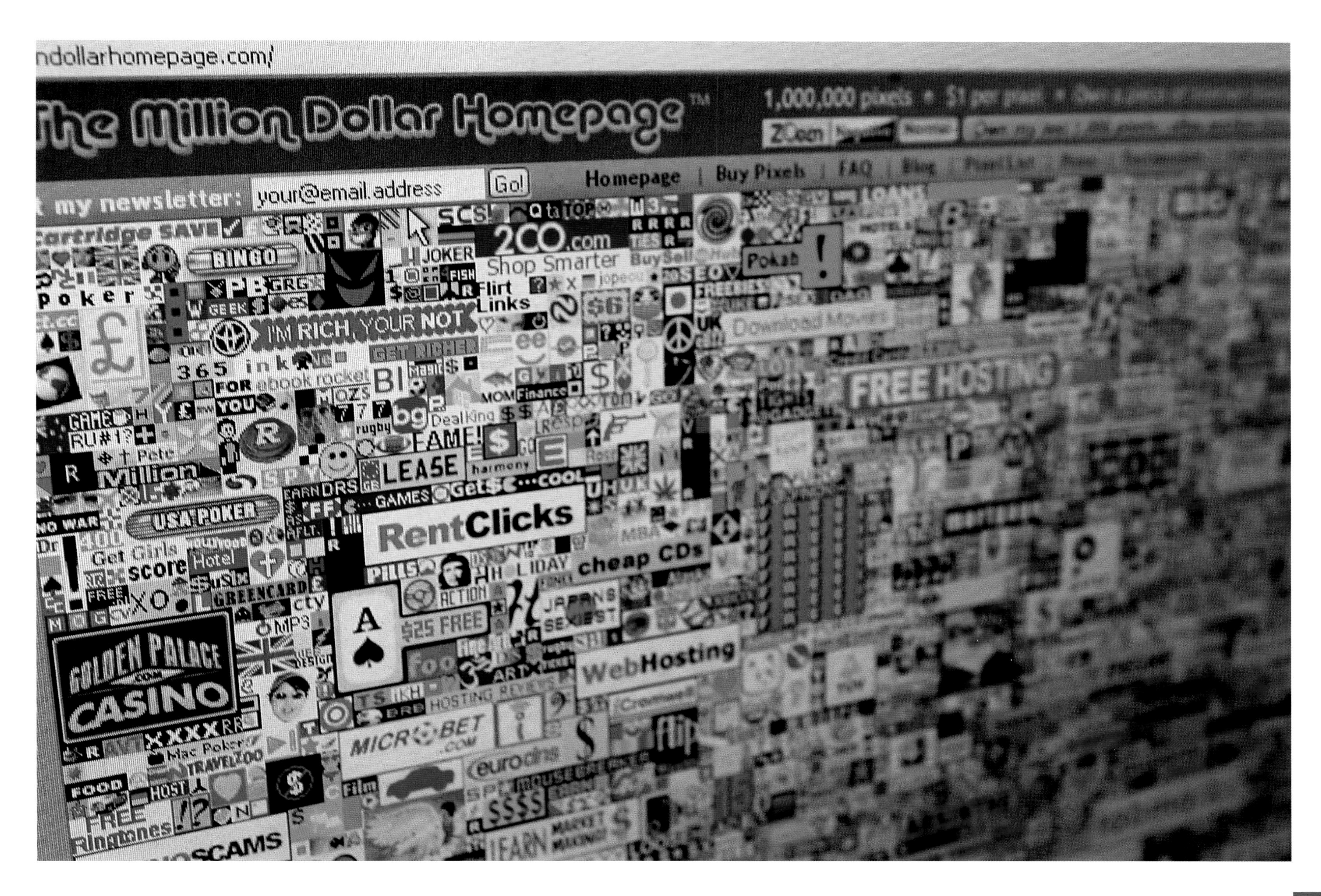
ndollarhomepage.com/
The Million Dollar Homepage™
1,000,000 pixels
my newsletter:
your@email.address
Go!
Homepage
Buy Pixels
FAQ
RentClicks
cheap CDs
WebHosting
FREE HOSTING
GOLDEN PALACE
CASINO
Shop Smarter
Download Movies
LEASE
USA POKER

1,000,000

A LAPTOP FOR $1 MILLION

If you have $1,000,000, you have at least two options: Either spend it on a whole array of desirable assets or just on one. British manufacturer Luvaglio has created a one-of-a-kind laptop selling for exactly $1,000,000. This is a luxury computer customized to a tee for each individual customer. Luvaglio bases the sticker price of its "one million dollar laptop" not only on its noble design but also on its cutting-edge technology. Either way, by purchasing this laptop you can count yourself a member of the elite among the elite.

UN PORTABLE QUI VAUT $ 1 MILLION

Pour $ 1.000.000, on peut s'acheter pas mal de choses. Ou alors une seule : l'ordinateur portable proposé par la firme britannique Luvaglio, qui vaut exactement $ 1.000.000. Pour ce prix-là, vous avez bien entendu un appareil sur mesure, qui dispose du tout dernier cri de la technique informatique et d'un équipement haut de gamme hors du commun. Avec en plus la certitude de faire partie d'un club on ne peut plus sélect.

EEN LAPTOP VOOR $ 1 MILJOEN

Als je $ 1.000.000 hebt, heb je minstens twee opties: je kan het spenderen aan veel verschillende dingen die je graag zou hebben of aan slechts één ding. De Britse fabrikant Luvaglio heeft een unieke laptop gecreëerd die voor exact $ 1.000.000 de deur uit gaat. Dit is een superluxueuze computer die tot in de puntjes precies op maat van de individuele klant wordt gemaakt. Luvaglio baseert de stickerprijs van zijn 'laptop van één miljoen dollar' niet alleen op zijn elitaire ontwerp, maar ook op zijn hypermoderne technologie. Wat er ook van zij, wie deze laptop aanschaft koopt zich meteen een plaats bij de elite van de elite.

OBAMA
BIDEN
WWW.BARACKOBAMA.COM
CHANGE
WE NEED
CHANGE
WE NEED
OBAMA
BIDEN
WWW.BARACKOBAMA.COM

2,400,000,000

PRESIDENTIAL CAMPAIGN COSTS A COMBINED $2.4 BILLION

In November 2008, Americans elected a new president. Prior to that, both candidates—Barack Obama and John McCain—had campaigned vigorously to sell themselves and their politics to potential voters. Of course, in the United States, every presidential campaign is a very expensive process financed through donations. And this one in particular will be among the most expensive campaigns to be recorded in history, having usurped an unprecedented $2,400,000,000.

FRAIS DE CAMPAGNE D'OBAMA ET MCCAIN : $ 2,4 MILLIARDS

Lors des élections présidentielles américaines de novembre 2008, Barack Obama et John McCain ont lancé de gigantesques campagnes publicitaires pour s'assurer les voix des électeurs. Les dépenses engagées à cette occasion, financées exclusivement par des dons, sont considérables. Ces élections — les plus chères de tous les temps — ont battu tous les records en engloutissant quelque $ 2.400.000.000.

PRESIDENTSCAMPAGNE KOST IN TOTAAL $ 2,4 MILJARD

In november 2008 kozen de Amerikanen een nieuwe president. Hiervoor hadden beide kandidaten – Barack Obama en John McCain – met hart en ziel campagne gevoerd om zichzelf en hun politiek aan potentiële kiezers te verkopen. Natuurlijk is elke presidentscampagne in de Verenigde Staten een bijzonder duur proces dat via donaties wordt gefinancierd. En deze in het bijzonder zal bij de duurste campagnes uit de geschiedenis worden gerekend met een totaal – nooit eerder gezien – bedrag van $ 2.400.000.000.

40,000,000,000

$40 BILLION LIE ON THE BOTTOM OF THE OCEANS AROUND THE WORLD

An estimated 3,000,000 ships have sunk in our planet's oceans over the last 4,000 years. A large number of ships were shipwrecked along the rugged cliffs off the Isles of Scilly. The coastline of these islands marks a dangerous stretch at the entrance of the English Channel, where around 2,000 ships lie scattered at the bottom of the ocean. Of all the shipwrecks around the world, around 300,000 sank with valuable freight on board. Today, treasures valued at $40,000,000,000 lie drowsing at the bottom of the oceans, just waiting to be discovered and brought to the light of day again.

$ 40 MILLIARDS AU FOND DE LA MER

On estime que 3.000.000 de navires ont coulé dans le monde au cours des 4 derniers millénaires. Parmi les endroits les plus dangereux pour la navigation maritime, on compte la mer des Caraïbes, où sévissent de redoutables tempêtes, et les îles Scilly, archipel entouré de récifs à l'entrée de la Manche, où quelque 2.000 navires ont déjà fait naufrage. Parmi tous les bateaux coulés, environ 300.000 avaient une cargaison précieuse, de sorte qu'on est en droit d'estimer que $ 40.000.000.000 attendent d'être récupérés au fond de la mer. À vos scaphandres !

$ 40 MILJARD LIGT ER OP DE BODEM VAN DE WERELDOCEANEN

De voorbije 4.000 jaar zijn naar schatting zo'n 3.000.000 schepen vergaan in onze wereldoceanen. Heel wat schepen leden bijvoorbeeld schipbreuk langs de ruige rotsen van de Scilly-eilanden. De kustlijn van deze eilanden kent een bijzonder gevaarlijke strook aan de toegangspoort van het Kanaal, waar ongeveer 2.000 schepen op de bodem van de oceaan verspreid liggen. Van alle vergane schepen ter wereld zonken er een 300.000-tal met waardevolle vracht aan boord. Vandaag liggen er schatten ter waarde van ongeveer $ 40.000.000.000 op de bodem van de oceanen, doezelend te wachten om ontdekt en opnieuw naar het daglicht gehaald te worden.

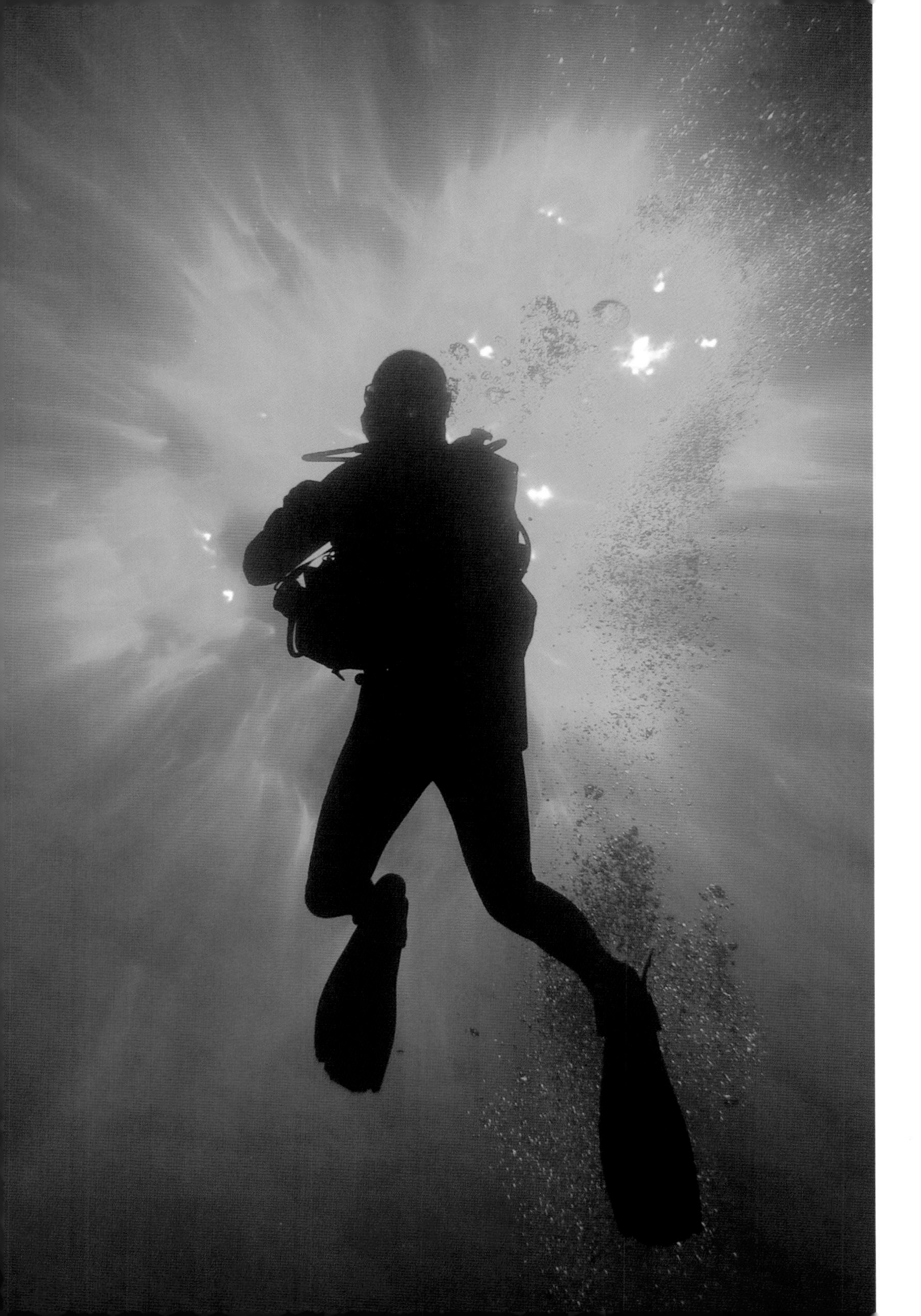

Is it not careless to become too local
when there are
four hundred billion stars in our galaxy
alone?

A. R. Ammons

MUCH

400,000,000

400 MILLION WATCH THE "LIVE AID" BENEFIT CONCERT

Severe famine in Ethiopia drove musician Bob Geldof to organize a worldwide benefit concert in 1985. His hope was to collect $1.000.000 in donations. "Live Aid", however, exceeded his wildest dreams: All the musicians performed simultaneously in London and Philadelphia before a combined audience of 181.000. Moreover, satellite broadcasts made it possible for 400.000.000 viewers in more than 60 countries to watch live footage of the concert. And the best part: in the end, Bob Geldof was able to post $283.600.000 in donations for Africa.

« LIVE AID » : UN CONCERT AVEC 400 MILLIONS DE SPECTATEURS

Ému par la famine qui sévissait en Éthiopie en 1985, le chanteur Bob Geldof a décidé d'organiser le concert « Live Aid » en espérant récolter $ 1.000.000 pour venir en aide aux populations en difficulté. Des groupes ont joué simultanément à Londres et Philadelphie devant 181.000 personnes, le concert étant retransmis par satellite dans plus de 60 pays et suivi en direct par environ 400.000.000 de téléspectateurs. Avec un résultat qui dépassa toutes les espérances : des dons pour l'Afrique totalisant $ 283.600.000.

400 MILJOEN MENSEN KIJKEN NAAR HET "LIVE AID" BENEFIETCONCERT

De ernstige hongersnood in Ethiopië bracht muzikant Bob Geldof er in 1985 toe een wereldwijd benefietconcert te organiseren. Hij hoopte hiermee $ 1.000.000 aan giften in te zamelen. "Live Aid" overtrof echter zijn stoutste verwachtingen: alle muzikanten traden simultaan in Londen en Philadelphia op voor een gezamenlijk publiek van 181.000 mensen. Dankzij de satellietuitzendingen konden 400.000.000 kijkers in meer dan 60 landen livefragmenten van het concert zien. En nog het best van al was dat Bob Geldof aan het eind $ 283.600.000 aan giften voor Afrika kon overhandigen.

650,000,000

ANNUAL PRODUCTION OF RICE STANDS AT 650 MILLION TONS

Basmati, Langkorn, Arborio—there are more than 120,000 different kinds of rice. And determining which kind of rice goes best with which meal is a science in itself. After all, rice isn't just an integral part of Asian cuisine. Annual harvests of rice amount to a total of 650,000,000 tons, with 90% coming from Asia alone. Another fact unbeknown to most people today, however, is that rice is also grown in South and North America, and even in Europe. Still, the question whether risotto tastes better with rice from "Bella Italia" remains anyone's guess.

650 MILLIONS DE TONNES DE RIZ RÉCOLTÉES CHAQUE ANNÉE

Riz long, basmati, arborio – plus de 120.000 variétés de cette céréale existent dans le monde, chacune étant adaptée à des recettes particulières. Plante à haute valeur nutritive, le riz n'est désormais plus limité à la cuisine asiatique. On en récolte 650.000.000 de tonnes tous les ans, 90 % de la quantité totale provenant des rizières d'Asie. Mais tous les autres continents sont également producteurs comme l'Amérique du Sud et du Nord – même l'Europe. Quant à savoir si le risotto est meilleur avec du riz « made in Italy », c'est une toute autre histoire...

JAARPRODUCTIE VAN RIJST BEDRAAGT 650 MILJOEN TON

Basmati, langkorrelig, arborio – er zijn meer dan 120.000 verschillende soorten rijst. En bepalen welke soort rijst het best past bij welke maaltijd is een wetenschap op zich. Rijst is immers meer dan alleen een integraal bestanddeel van de Aziatische keuken. De jaarlijkse rijstoogsten zijn goed voor een totaal van 650.000.000 ton, waarvan 90% uit Azië komt. Een ander feit dat de meeste mensen vandaag niet beseffen, is dat in Zuid- en Noord-Amerika en zelfs in Europa. De vraag of risotto beter smaakt met rijst uit "La Bella Italia" zal echter voor altijd onbeantwoord blijven.

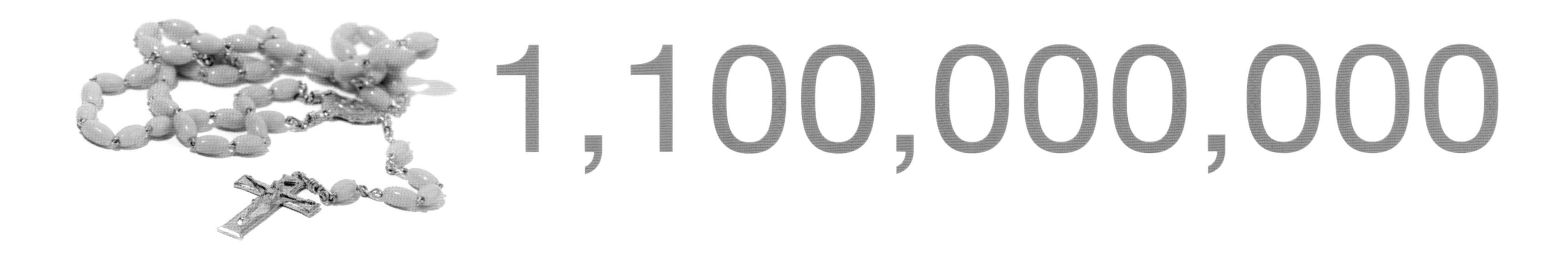

THE CATHOLIC CHURCH COUNTS 1.1 BILLION MEMBERS

Any time white smoke rises from the chimney of the Sistine Chapel, it presents a cause for millions of people to rejoice. The Catholic Church has just elected a new Pope. It's a ritual of which the essence remains virtually unchanged since the year 1216. Except that nowadays, you no longer have to be a pilgrim waiting in front of St. Peter's Cathedral in Rome to witness the ritual live—in the 21st Century, the announcement reaches all 1,100,000,000 Catholics around the world via TV, radio and the Internet—Habemus Papam!

1,1 MILLIARDS DE CATHOLIQUES DANS LE MONDE

De la fumée blanche s'échappe de la cheminée de la chapelle Sixtine et des millions de croyants éclatent de joie : l'Église catholique vient d'élire un nouveau pape ! Ce rituel reste pratiquement immuable depuis 1216. Ce qui a changé par contre, c'est le nombre de spectateurs : hier encore réservé au public massé sur la place Saint-Pierre de Rome, l'événement est aujourd'hui retransmis en direct à la radio, à la télévision et sur Internet, de sorte que 1.100.000.000 de catholiques peuvent s'écrier : « Habemus papam! »

DE KATHOLIEKE KERK TELT 1,1 MILJARD LEDEN

Telkens er witte rook uit de schoorsteen van de sixtijnse kapel komt, is dit voor miljoenen mensen een reden tot feestvieren. De katholieke Kerk heeft dan net een nieuwe paus verkozen. Het is een ritueel waarvan de essentie al sinds het jaar 1216 nagenoeg ongewijzigd is gebleven. Behalve dat je vandaag niet langer een pelgrim wachtend voor de St. Pieterskathedraal in Rome hoef te zijn, om live getuige te zijn van het ritueel. In de 21ste eeuw bereikt de aankondiging alle 1.100.000.000 katholieken waar ook ter wereld via TV, radio en het internet — "Habemus papam!"

750,000,000

THERE ARE 750 MILLION CARS IN THE WORLD

Back in 1888, Mrs. Bertha Benz decided to visit her mother along with her sons. On her way there, however, she managed to scare the living daylights out of numerous people encountering her. You see, the wife of inventor Karl Benz didn't travel those 80 kilometers in a horse carriage that day. No, she was riding the first-ever automobile! Nowadays, there are roughly 750,000,000 cars on the planet and nobody even gives those "horseless carriages" traveling our roads a second glance anymore. Quite to the contrary, statistics indicate that 1 out of 9 people now own an automobile.

750 MILLIONS DE VOITURES SUR LES ROUTES

Bertha Benz terrorisa un nombre incalculable de gens en 1888 lorsqu'elle alla rendre visite à sa mère en compagnie de ses deux fils. Il faut dire qu'elle était la femme de l'inventeur Karl Benz, et qu'elle fit ce trajet de 80 kilomètres non pas en calèche, mais avec la première automobile ayant jamais existé. Avec 750.000.000 de véhicules circulant actuellement sur les routes du monde, il y a bien longtemps que plus personne ne s'étonne de voir passer une « voiture sans chevaux » – c'est même plutôt le contraire qui est aujourd'hui hors du commun. Selon les statistiques, une personne sur 9 possède actuellement une voiture.

ER RIJDEN WERELDWIJD 750 MILJOEN WAGENS ROND

Lang geleden, in 1888, besloot mevrouw Bertha Benz om samen met haar zoons haar moeder te gaan bezoeken. Op weg ernaartoe joeg ze vele mensen die haar zagen de stuipen op het lijf. Want de echtgenote van uitvinder Karl Benz legde de 80 kilometer die dag niet af in een paard enkoets. Neen, ze reed met de allereerste automobiel! Vandaag zijn er naar schatting 750.000.000 wagens op de planeet en is er niemand meer die deze "paardloze koetsen" op onze wegen nog een tweede blik waardig acht. Integendeel, statistieken geven aan dat momenteel 1 op 9 mensen een auto bezit.

2,500,000

2.5 MILLION FOLLOWERS MAKE PILGRIMAGE TO MECCA

It's one of the 5 pillars of Islam: Hajj, the pilgrimage to Mecca. Once in their lifetimes, every Muslim man and woman is called upon to travel to the holy sites of the Prophet Mohammed in Mecca and Medina. It is in that spirit that as many as 2,500,000 people from all over the world make their pilgrimage to the city of Mecca in Saudi Arabia alone. Their destination is the Kaaba, or "House of God" in the courtyard of the Great Mosque. Pilgrims circle the Kaaba 7 times counter-clockwise in order to praise Allah.

2,5 MILLIONS DE PÈLERINS À LA MECQUE

La Mecque et Médine, en Arabie Saoudite, sont des lieux saints de l'Islam puisque c'est là que le Prophète Mohammed a vécu. Le hadj, c'est-à-dire le pèlerinage à La Mecque, constitue l'une des cinq obligations que tout musulman – homme ou femme – se doit de respecter. C'est pourquoi chaque année, la ville accueille jusqu'à 2.500.000 de pèlerins venus du monde entier. Dans la cour de la grande mosquée se trouve la Kaaba, grand bâtiment cubique autour duquel les fidèles tournent sept fois dans le sens des aiguilles d'une montre afin d'honorer Allah.

2,5 MILJOEN GELOVIGEN GAAN OP BEDEVAART NAAR MEKKA

Het is een van de 5 pijlers van de islam: de "Hajj" of bedevaart naar Mekka. Eenmaal in zijn of haar leven wordt elke moslimman en –vrouw opgeroepen om naar de heilige plaatsen van de profeet Mohammed in Mekka en Medina te reizen. Het is in die spirit dat maar liefst 2.500.000 moslims uit de hele wereld elk jaar naar de stad Mekka in Saoedi-Arabië op pelgrimstocht trekken. Hun bestemming is de Kaaba of het "Huis van God" in de tuin van de Grote Moskee. De pelgrims lopen 7 keer tegen de wijzer in rond de Kaaba om Allah te prijzen.

4,000,000

BEIJING BOASTS 4 MILLION BICYCLES

The Chinese capitol of Beijing is notorious for motor vehicles overcrowding its streets. On any given day, car exhaust forms a thick layer of fog over this metropolis, making it hard to breathe. That, however, doesn't deter certain daredevils from mounting their bicycles and braving daily traffic. Actually, there's an estimated 4,000,000 of them in this mega-city. And it's not like their physical effort doesn't pay off. Many times they reach their destinations before any lazy motorist does—the latter being stuck in traffic.

4 MILLIONS DE VÉLOS À BEIJING

La capitale chinoise est célèbre pour ses embouteillages et le nuage de pollution suffoquant que provoquent les échappements des voitures. Malgré la mauvaise qualité de l'air, nombre de Pékinois préfèrent prendre le vélo pour se faufiler dans les embouteillages. Sportifs, ces 4.000.000 d'adeptes de la « petite reine » voient leurs efforts et leur courage récompensés car ils sont souvent plus rapides que les automobilistes coincés dans leur voiture.

PEKING GAAT PRAT OP 4 MILJOEN FIETSEN

De Chinese hoofdstad Peking is berucht voor de vele motorvoertuigen die haar straten onveilig maken. Op elke willekeurige dag van het jaar vormen de uitlaatgassen van auto's een dikke laag nevel die het ademen in deze metropolis bemoeilijkt. Dat schrikt bepaalde waaghalzen – zo'n 4.000.000 om precies te zijn – echter niet af om op hun fiets te springen en het dagelijks verkeer te trotseren. En hun fysieke inspanningen lonen heel zeker. Dikwijls bereiken ze hun bestemming nog voor hun luiere gemotoriseerde collega – die vastzit in het verkeer.

10 YEARS ON..
DIANA
WE MISS YOU DIANA..
..MORE THAN EVER
YOU WILL NEVER BE FORGOTTEN
THE PEOPLES' PRINCESS
1961 - 1997
SONS WHO ARE HER LEGACY
To us you were so special
No words could ever say
How much we love and miss you
Today and every day
DIANA
THE PRIVATE DIANA

2,500,000,000

2.5 BILLION PEOPLE WITNESS THE FUNERAL OF PRINCESS DIANA

Lady Diana Spencer was the epitome of public figures, as she was beleaguered by photographers and camera teams in a way hardly any other woman ever was. 3,500 guests were invited when she wed the heir to the British throne, while 750,000,000 people witnessed her marriage on TV. After the car crash that claimed her life in 1997, 2,500,000,000 people came to pay their respects to the Queen of Hearts. When Elton John rewrote his famous song "Candle in the wind" as a dedication to Princess Diana, it sold 37,000,000 copies.

2,5 MILLIARDS DE TÉLÉSPECTATEURS SUIVENT L'ENTERREMENT DE LADY DI

Personnage public de première importance, Lady Diana Spencer a toujours attiré sur elle l'attention des photographes et des médias. Lors de son mariage avec le prince de Galles, le prétendant au trône d'Angleterre, 3.500 personnes étaient invitées aux noces et 750.000.000 de téléspectateurs suivaient la cérémonie en direct. Après la mort tragique de la princesse dans un accident de la route en 1997, quelque 2.500.000.000 de personnes ont suivi son enterrement à la télévision. Le single Candle in the Wind, chanson écrite par Elton John et remaniée spécialement à cette occasion, s'est vendu à 37.000.000 d'exemplaires.

2,5 MILJARD MENSEN WAREN GETUIGE VAN DE BEGRAFENIS VAN PRINSES DIANA

Lady Diana Spencer was de publieke figuur bij uitstek, dag in dag uit belegerd door fotografen en camerateams op een manier die geen enkele andere vrouw ooit eerder had ervaren. 3.500 gasten waren uitgenodigd op haar huwelijk met de Britse kroonprins, terwijl 750.000.000 mensen haar huwelijk op TV zagen. Na de autocrash die haar in 1997 het leven kostte, kwamen 2.500.000.000 mensen de laatste eer bewijzen aan hun 'Queen of Hearts'. Toen Elton John zijn bekend lied "Candle in the wind" herschreef als eerbetoon aan prinses Diana, werden er hiervan 37.000.000 exemplaren verkocht.

400,000,000

HARRY POTTER SELLS 400 MILLION COPIES

Our kids are reading books again! In the era of TV, computers and video games, an English woman named J.K. Rowling has succeeded in turning millions of children and teenagers into bookworms with her stories about Sorcerer's Apprentice Harry Potter. Kids would form lines in front of the book stores in the middle of the night, eager to be the first ones to get their hands on the latest edition of the series. At the end, 400,000,000 Harry-Potter books were sold worldwide in just 10 years, enough to fill 16,000 containers at a volume of 33 cubic meters each.

HARRY POTTER : 400 MILLIONS D'EXEMPLAIRES VENDUS

Alors que les jeunes, abreuvés de télévision et de jeux vidéo, lisaient de moins en moins, Joanne K. Rowling a réussi le prodige d'enthousiasmer des millions d'ados pour les aventures de son apprenti-sorcier : Harry Potter. On en a vu qui se levaient au beau milieu de la nuit pour aller faire la queue devant le libraire lorsque la parution d'un nouvel épisode était annoncé pour le lendemain. Les 400.000.000 d'exemplaires vendus en seulement 10 ans suffiraient pour remplir 16.000 containers de 33 mètres cubes chacun.

HARRY POTTER VERKOOPT 400 MILJOEN BOEKEN

Onze kinderen lezen opnieuw boeken! In het tijdperk van tv, computers en videogames is een Engelse vrouw genaamd J.K. Rowling er in geslaagd om met haar verhalen over leerling-tovenaar Harry Potter van miljoenen kinderen en tieners opnieuw boekenwurmen te maken. Kinderen schoven in het holst van de nacht in lange rijen voor boekenwinkels aan om een van de eersten te zijn om het laatste deel van de serie in handen te hebben. Uiteindelijk werden in 10 jaar tijd wereldwijd 400.000.000 Harry Potterboeken verkocht, genoeg om 16.000 containers met een volume van 33 kubieke meter tot aan de rand toe te vullen.

TTNU 239739 0
22G1
中国海运集团
CHINA

42,000,000

THE RUSSIAN STATE LIBRARY BOASTS 42 MILLION DOCUMENTS

Librarians at the Russian State Library in Moscow have hard time keeping track. Whenever they're looking for a specific book amongst the Library's collection, it may take a while before they return with the item in question. One of the largest libraries in the world, the RSL houses 42,000,000 documents on more than 275 kilometers of shelves—including 17,000,000 books as well as 13,000,000 magazines and journals in 275 different languages.

42 MILLIONS DE VOLUMES À LA BIBLIOTHÈQUE NATIONALE DE RUSSIE

Avec des livres stockés sur 275 kilomètres de rayons, on ne peut pas dire que les employés de la bibliothèque nationale de Russie aient la tâche facile – et il faut parfois attendre un certain temps avant qu'ils retrouvent tel ou tel ouvrage. Le fonds de cette bibliothèque située à Moscou compte parmi les plus riches au monde. Il se compose de 42.000.000 de volumes, dont 17.000.000 de livres et 13.000.000 d'imprimés et journaux, le tout en 275 langues différentes.

DE RUSSISCHE STAATSBIBLIOTHEEK HERBERGT 42 MILJOEN DOCUMENTEN

Bibliothecarissen van de Russische Staatsbibliotheek in Moskou hebben het niet onder de markt om alles bij te houden. Wanneer ze tussen de collectie van de bibliotheek op zoek moeten naar een specifiek boek, kan het even duren voor ze terug zijn met het item in kwestie. Deze bibliotheek, een van de grootste ter wereld, bevat 42.000.000 documenten op meer dan 275 kilometer planken, waaronder 17.000.000 boeken en 13.000.000 tijdschriften en kranten in 275 verschillende talen.

104,000,000

"THRILLER" SELLS MORE THAN 104 MILLION COPIES

When he launched his album "Thriller" in 1982, Michael Jackson already was a seasoned veteran in show business. After all, he'd shared the stage with his brothers since his earliest childhood. "Jacko", however, had always envisioned a clear goal—he wanted to become the most successful and wealthiest artist in the world. At age 21, he fired his father from being his manager and began work on his 6th album. The result was 'Thriller' which sold more than 104,000,000 copies to become the best-selling record ever—and to earn its place in music history.

ALBUM THRILLER VENDU À PLUS DE 104 MILLIONS D'EXEMPLAIRES

Michael Jackson, qui s'est produit sur scène avec ses frères depuis sa plus tendre enfance, était déjà une bête du showbiz lorsqu'est sorti son album Thriller en 1982. Son ambition était claire : il voulait devenir la star la plus riche et le plus adulée au monde. À l'âge de 21 ans, après avoir sacqué son père et pris un nouveau directeur artistique, il a commencé à travailler à son 6e album, intitulé Thriller. Le disque s'est vendu à 104.000.000 d'exemplaires, battant ainsi tous les records de vente pour entrer dans la légende.

"THRILLER" GAAT MEER DAN 104 MILJOEN KEER OVER DE TOONBANK

Toen Michael Jackson in 1982 zijn album "Thriller" lanceerde, was hij al een geroutineerde veteraan in de showbusiness. Tenslotte deelde hij al sinds zijn vroege kinderjaren het podium met zijn broers. "Jacko" had al die tijd echter een duidelijk plan voor ogen: hij wilde de meest succesvolle en best verdienende artiest ter wereld worden. Op 21-jarige leeftijd ontsloeg hij zijn vader als manager en begon hij te werken aan zijn 6de album. Het resultaat, 'Thriller', ging meer dan 104.000.000 keer over de toonbank en is daarmee het best verkochte album aller tijden, met een welverdiende plaats in de muziekgeschiedenis erbovenop.

45,000,000,000

CHINA PRODUCES 45 BILLION CHOPSTICKS A YEAR

In East Asia, you'll be hard-pressed to find any locals using forks and knives. Chopsticks, which many a tourist finds challenging to use, are handed out for every meal and, in many cases, simply disposed of afterwards. This makes the production of the thin wooden sticks a profitable business. Every year, 45,000,000,000 of them are produced in China alone. And anybody who lacks the necessary dexterity may want to try Sushi—because in Japan, Maki and Nigiri are traditionally eaten by hand.

45 MILLIARDS DE BAGUETTES FABRIQUÉES EN CHINE TOUS LES ANS

Bien peu de gens se servent d'une fourchette et d'un couteau en Extrême-Orient. Par contre, les baguettes si difficiles à manier pour les Occidentaux y sont monnaie courante : ce sont des produits jetables qu'on remplace à chaque repas. Autant dire que les fabricants de baguettes ont du pain sur la planche. Rien qu'en Chine, on en produit 45.000.000.000 par an. Si vous devez voyager en Extrême-Orient sans savoir manger avec des baguettes, vous pouvez toujours essayer les restaurants japonais : les maki, nigiri et autres sushi se mangent tout simplement... avec les doigts.

CHINA PRODUCEERT 45 MILJARD EETSTOKJES PER JAAR

In Oost-Azië zal het je moeilijk vallen om een plaatselijke bewoner met mes en vork te zien eten. Eetstokjes – voor vele toeristen een hele uitdaging – worden voor elke maaltijd uitgedeeld en achteraf heel vaak gewoon weggegooid. Hierdoor is de productie van deze dunne houten stokjes een winstgevende business. Elk jaar worden er in China alleen al 45.000.000.000 van geproduceerd. Al wie hiervoor de nodige handigheid mist, kan misschien eens sushi proberen, want in Japan worden 'mak' en 'nigiri' traditioneel met de hand gegeten.

150,000,000

AMERICANS EAT 150 MILLION HOT DOGS ON INDEPENDENCE DAY

Take a brat in a bun, add some Ketchup, mustard, roasted onions or cucumbers—and you've got the original American Hot Dog. There are few things Americans cherish more than this quick meal from the Hot Dog stand. 450 Hot Dogs are consumed in the United States every second. Especially during major sports events in giant stadiums, millions of them change hands across the counter. The biggest time for Hot Dogs, however, is still July 4th. Americans consume a grand total of 150,000,000 of them on Independence Day.

150 MILLIONS DE HOT DOGS TOUS LES 4 JUILLET

Une saucisse et un petit pain, avec au choix du ketchup, de la moutarde, du concombre ou des oignons frits : telle est la recette originale du hot dog, le « fast-food » à emporter préféré des Américains. On en avale 450 à la seconde dans tous les États-Unis et on en vend des millions lors des manifestations de masse organisées dans les stades. Mais tous les records sont battus le 4 juillet, jour de la fête nationale : 150.000.000 de hot dogs sont engloutis ce jour-là par les Américains qui commémorent la déclaration d'indépendance.

AMERIKANEN VERORBEREN OP ONAFHANKELIJKHEIDSDAG 150 MILJOEN HOTDOGS

Steek een braadworst in een broodje, doe er wat ketchup, mosterd, gebraden ui of komkommers op en je hebt de originele Amerikaanse hotdog. Er zijn maar weinig zaken die Amerikanen meer koesteren dan deze snelle hap uit de hotdogstand. Elke seconde worden er in de Verenigde Staten 450 hotdogs opgepeuzeld. Vooral tijdens belangrijke sportwedstrijden in reusachtige stadia gaan er miljoenen over de toonbank. Het absolute topmoment voor hotdogs is echter nog altijd 4 juli. Op die dag vieren Amerikanen hun onafhankelijkheid en consumeren ze het kolossale aantal van 150.000.000 hotdogs.

8,000,000,000

GOOGLE SEARCHES 8 BILLION WEBSITES

Do ants ever yawn? That's a good question—but where do we look for the answer? It's simple, we just look it up on the Internet. And that's why almost everybody on Earth uses Google. Established by Larry Page and Sergey Brin in a garage in 1998, Google has evolved into the largest search machine on the World Wide Web and into an enterprise worth billions of dollars. It lists 8,000,000,000 websites and leaves very few questions unanswered. And so, thanks to Google, we've also answered our question: Yes, ants do yawn!

GOOGLE PARCOURT 8 MILLIARDS DE SITES INTERNET EN QUELQUES SECONDES

Les fourmis peuvent-elles bailler ? Bonne question, mais qui connaît la réponse ? Google, bien sûr, le moteur de recherche sur Internet ! Fondée dans un garage en 1998 par Larry Page et Sergey Brin, l'entreprise Google pèse aujourd'hui des milliards de dollars. Ce composant incontournable du Web parcourt 8.000.000.000 de sites Internet à toute vitesse et a pratiquement réponse à tout. Essayez donc d'entrer : « fourmis baillent ». Google vous apprendra assurément si c'est vrai ou faux.

GOOGLE ZOEKT 8 MILJARD WEBSITES

Kunnen mieren geeuwen? Een goede vraag – maar waar moeten we het antwoord gaan zoeken? Dat is best makkelijk, we zoeken het gewoon op het internet. En daarvoor gebruikt bijna iedereen ter wereld Google. Google werd door Larry Page en Sergey Brin in een garage opgericht in 1998, en het is intussen uitgegroeid tot de grootste zoekmachine op het World Wide Web en tot een onderneming die miljarden dollars waard is. De site doorzoekt 8.000.000.000 websites en laat maar heel weinig vragen onbeantwoord. En dank zij Google hebben we meteen ook een antwoord op onze vraag: jazeker, mieren geeuwen ook!

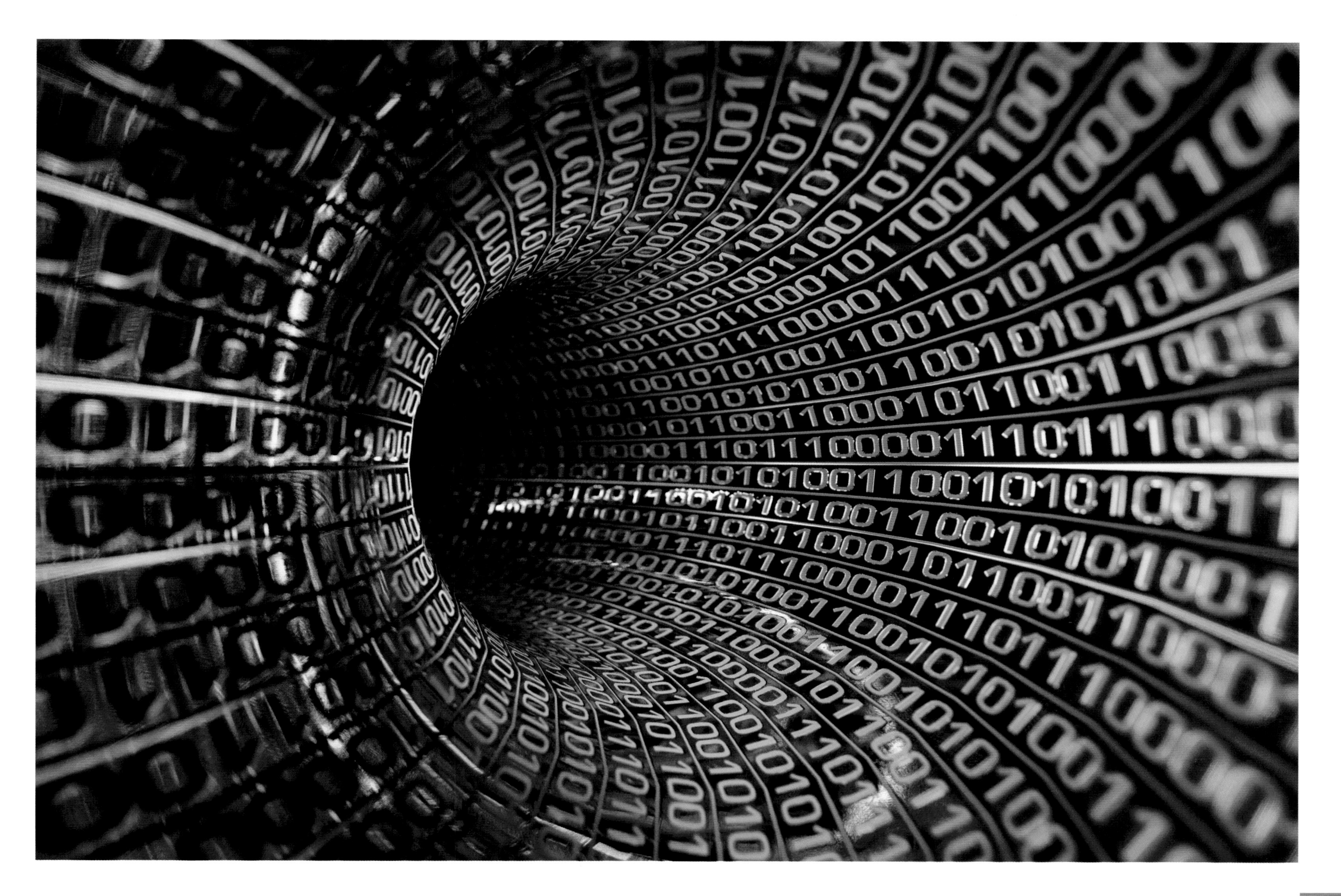

18,446,74

,073,709,500,000

18.4 QUINTILLION GRAINS OF WHEAT FOR THE FIRST CHESS GAME

Once there was a learned man, who presented the board game as a gift to his tyrannical king. His lesson was that the king may be the primary figure, but without the help of the others he remains powerless. As gratitude, the learned man was granted a wish. All the man asked for, however, was simply grains of wheat: 1 grain on the first field of the chessboard, double the amount of that on the second field, again double the amount of that on the third field, and so on. To his utter amazement, the king ended up owing the man a total of 18,446,744,073,709,500,000 grains of wheat.

18,4 TRILLIONS DE GRAINS DE BLÉ POUR LE PREMIER JEU D'ÉCHECS

On raconte que le jeu d'échecs a été inventé par un sage qui en a fait cadeau à un roi tyrannique afin de lui démontrer que, si le roi est assurément un personnage très important, il ne peut rien sans son entourage. En guise de remerciement, le tyran a demandé au sage de formuler un vœu. Apparemment modeste, ce dernier a déclaré qu'il serait satisfait d'un grain de blé sur la première case de l'échiquier, du double sur la seconde case, du double encore sur la troisième, et ainsi de suite jusqu'à la 64e. À sa grande stupéfaction, le roi s'est aperçu qu'il devait au sage une quantité de blé considérable : 18.446.744.073.709.500.000 au total, pour être précis.

18,4 TRILJOEN TARWEKORRELS VOOR HET EERSTE SCHAAKSPEL

Er was eens een geleerde man die het bordspel als geschenk aan zijn tirannieke koning gaf. Zijn les was dat de koning misschien wel de hoofdfiguur is, maar dat hij zonder de hulp van anderen machteloos blijft. Als dank mocht de geleerde man een wens doen. Al wat hij vroeg, was gewoon wat tarwekorrels: 1 korrel op het eerste veld van het schaakbord, dat aantal verdubbelen op het tweede veld, dat aantal weer eens verdubbelen op het derde veld, enzovoort. Tot zijn grote verbazing was de koning de man uiteindelijk in totaal 18.446.744.073.709.500.000 tarwekorrels verschuldigd.

3,500,000

3.5 MILLION MATCHSTICKS FOR THE TITANIC

What do you do when you've quit smoking and you still have all these matchsticks around your house? One thing you could do with them is to create a small art piece. In fact, with the right amount of patience and skills, you can even turn it into a world record. That's exactly what Mark Colling of the Welsh town of Llanelli did. Over a period of 17 months, he built a model of the Titanic on a scale of 1:100. In the process, he used a total of 3,500,000 matches, surpassing the previous world record for matchstick models by well over 500,000.

3,5 MILLIONS D'ALLUMETTES POUR LE TITANIC

Comment faire lorsqu'on arrête de fumer et qu'on a encore des allumettes partout chez soi ? Une des solutions consiste à se servir des petits morceaux de bois pour réaliser une œuvre d'art. Avec un peu d'adresse et beaucoup de patience, on peut même ainsi battre des records. Tel est notamment le cas de Mark Colling, de Llanelli en Cornouilles. En 17 mois, il a construit une maquette au 1/100e du Titanic en utilisant 3.500.000 d'allumettes, soit 500.000 de plus que le record précédent.

3,5 MILJOEN LUCIFERS VOOR DE TITANIC

Wat doe je als je gestopt bent met roken en je overal in huis nog lucifers hebt liggen? Wat je zou kunnen doen, is een klein kunstwerkje creëren. Met de juiste hoeveelheid geduld en vaardigheid zou je er zelfs een wereldrecord mee kunnen breken. Dat is wat Mark Colling uit het Welshe stadje Llanelli deed. Over een tijdspanne van 17 maanden bouwde hij een model van de Titanic op schaal 1:100. Hiervoor gebruikte hij in totaal 3.500.000 lucifers, waarmee hij het vorige wereldrecord voor schaalmodellen uit lucifers verpulverde met meer dan 500.000 stuks.

5,000,000

5 MILLION METERS OF PHONE CABLES IN THE EMPIRE STATE BUILDING

The Empire State Building is one of New York's prominent landmarks. It looms into the sky with no less than 102 floors and exactly 1,860 stairs connecting the ground floor with the top floor. But if you're not up to using all those stairs, you can also conveniently take the elevator to the platform up on the roof and enjoy the view from up there. Naturally, you want to tell your friends about it, right? And don't worry if you left your cell phone at home. You can always use at least one of the innumerable phones in the building. That's what all those 5,000,000 meters of phone cable are there for.

5 MILLIONS DE MÈTRES DE CÂBLES TÉLÉPHONIQUES DANS L'EMPIRE STATE BUILDING

L'Empire State Building est le symbole de New York. Ce gratte-ciel compte 102 étages, avec 1860 marches entre le rez-de-chaussée et le niveau supérieur. Des ascenseurs sont bien entendu à la disposition de ceux qui veulent accéder plus rapidement à la terrasse panoramique du dernier étage. Vous êtes scotché par la vue de New York qui s'offre à vous de là-haut ? Vous voudriez faire part de votre émotion à vos amis mais n'avez pas de portable sur vous ? Pas de problème : il y a suffisamment de téléphone ici. Ils sont même connectés au réseau par 5.000.000 de mètres de câbles !

5 MILJOEN METER TELEFOONKABEL IN HET EMPIRE STATE BUILDING

De Empire State Building is een van New York's meest prominente oriëntatiepunten. Hij torent hoog de lucht in met niet minder dan 102 verdiepingen en exact 1.860 treden tussen het gelijkvloers en de bovenste verdieping. Maar als je al die trappen maar niets vindt, kan je net zo goed de lift tot aan het platform boven op het dak nemen om daar van het fantastische uitzicht te genieten. En natuurlijk wil je ook je vrienden in je vreugde laten delen, toch? Geen nood mocht je je gsm thuis hebben laten liggen. Je kan altijd een van de talloze telefoons in het gebouw gebruiken. Daar dienen die 5.000.000 meter telefoonkabel tenslotte voor.

Gruß vom
Oktoberfest

6,900,000

6.9 MILLION LITERS OF BEER ARE SERVED AT THE OKTOBERFEST

Every year, 6,2 million people visit the Oktoberfest in Munich, Germany and everyone hopes to score one of the 100,000 hotly desired spots in the 7 festival tents, because beer is only served there—around 6,900,000 liters every year! Beer is not the only commodity that flows in rivers. In the 3 weeks of Oktoberfest, 2,8 million kWh of electricity is consumed—it would take a family of four 52 years and 4 months to use the same amount! And aside from around 764 tons of garbage generated by the celebration, around 4,000 lost items are left behind as well, including 260 pairs of glasses, 200 cell phones, and even an occasional wedding ring.

6,9 MILLIONS DE LITRES DE BIÈRE POUR LA PLUS GRANDE FÊTE DE MUNICH

« L'Oktoberfest », la fête de la bière, organisée tous les ans à Munich au mois d'octobre, attire quelque 6.200.000 de visiteurs. Durant ces 3 semaines, quelque 6.900.000 de litres de bière sont servis dans 7 grands chapiteaux de 100.000 places. Tandis que la bière coule à flots, on consomme 2.800.000 de kWh d'électricité pendant la fête, c'est-à-dire autant qu'une famille de 4 personnes en consommerait pendant 52 ans et 4 mois. D'autres chiffres ? Environ 678 tonnes d'ordures et 4.000 objets perdus, dont 260 paires de lunettes, 200 portables... et quelques alliances.

6,9 MILJOEN LITER BIER WORDT ER GETAPT TIJDENS DE 'OKTOBERFESTE'

Elk jaar bezoeken 6,2 miljoen mensen de 'Oktoberfeste' in München, in Duitsland, en iedereen hoopt een van de 100.000 duur bevochten plaatsen in de 7 festivaltenten te kunnen veroveren, want alleen daar wordt bier geserveerd — elk jaar zo ongeveer 6.900.000 liter! Bier is niet het enige goed dat hier met beken stroomt. Tijdens de 3 weken van de Oktoberfeesten wordt er 2,8 miljoen kWh elektriciteit verbruikt – een hoeveelheid waarmee een gezin van vier 52 jaar en 4 maanden verder kan! En naast de ongeveer 764 ton afval die door de feesten wordt geproduceerd, worden er ook ongeveer 4.000 verloren voorwerpen achtergelaten, waaronder 260 brillen, 200 mobiele telefoons en zelfs al eens een occasionele trouwring.

ALPINA BAHN

HENBURG SEKT
LÖWENBRÄ

37,000,000

TOKYO HAS A POPULATION OF 37 MILLION

In a true sense, Tokyo ceased being a city a long time ago. What used to be a fishing hamlet has become the largest conurbation in the world. 37,000,000 people live there, sometimes in the most constricted of spaces. Three of its suburbs alone list more than 1,000,000 residents. In other words, one quarter of the Japanese people live on a mere 4% of the land area. To know what that's like, all you need to do is take the subway in the morning. Whenever necessary, commuters are literally shoved into the cars en masse as long as the doors can still close.

37 MILLIONS D'HABITANTS À TOKYO

Autrefois un simple village de pêcheurs, Tokyo est aujourd'hui au centre de la plus grande agglomération au monde, qui rassemble 37.000.000 d'habitants. Nombre d'entre eux vivent dans des logements parfois minuscules et 3 des communes de l'agglomération ont plus de 1.000.000 d'habitants. Un quart de la population totale du Japon s'entasse ainsi sur seulement 4% de la superficie du pays. Pour bien comprendre le sens du mot « surpopulation », il suffit de prendre le métro de Tokyo aux heures de pointe : à chaque station, des employés en uniforme poussent et bourrent les passagers dans les wagons jusqu'à ce qu'on puisse fermer les portes.

TOKYO TELT 37 MILJOEN INWONERS

Tokyo is al lang opgehouden een stad te zijn. Wat ooit een vissersdorpje was, is nu de grootste agglomeratie ter wereld. Hier leven 37.000.000 mensen, soms op zeer beperkte ruimtes. Drie voorsteden alleen al tellen elk meer dan 1.000.000 inwoners. Met andere woorden, een kwart van de Japanse bevolking leeft op slechts 4% van het landoppervlak. Om te weten hoe dat voelt, moet je gewoon 's morgens de metro eens nemen. Als het nodig is, worden de forenzen letterlijk 'en masse' de metrostellen ingeduwd, zolang de deuren maar kunnen sluiten.

We don’t know a millionth of one percent about anything.

Thomas A. Edison

LITTLE

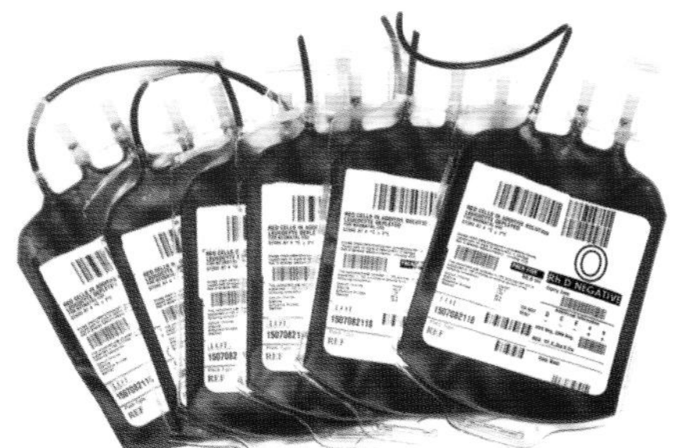

25,000,000,000,000

EVERY HUMAN HAS 25 TRILLION RED BLOOD CELLS

One brief moment of inattention and there it is! Imagine you're cutting onions when your knife slips and you cut your finger. It's no big deal though, all it takes is some band-aid on the wound and the bleeding soon stops. And what little blood you've lost is quickly replaced. Every second, our bodies produce 2,000,000 new red blood cells. In total, every human has 25,000,000,000,000 of them. Lined up in a row, they would reach around the equator no less than 5 times.

CHACUN DE NOUS A 25 BILLONS DE GLOBULES ROUGES

Un accident est si vite arrivé ! Par exemple en coupant des oignons : le couteau glisse et aïe ! On se coupe au doigt. Vite un pansement, ce n'est pas trop grave ! Le sang s'arrête immédiatement de couler et les quelques gouttes perdues sont vite remplacées. Notre corps produit en effet jusqu'à 2.000.000 de globules rouges par seconde et en stocke 25.000.000.000.000. Mis les uns derrière les autres, il y aurait là de quoi faire 5 fois le tour de la terre.

IEDERE MENS HEEFT 25 BILJOEN RODE BLOEDCELLEN

Een klein moment van onoplettendheid en daar heb je het al! Je bent uien aan het snijden, je mes schuift uit en je snijdt in je vinger. Al bij al niet zo erg, je doet een pleister op de wonde en het bloeden stopt al snel. En het beetje bloed dat je verloren hebt, is nog sneller vervangen. Elke seconde produceert ons lichaam 2.000.000 nieuwe rode bloedcellen. In totaal heeft elke mens er 25.000.000.000.000. Als je ze op een rij zou leggen, zouden ze niet minder dan 5 keer rond de evenaar gaan.

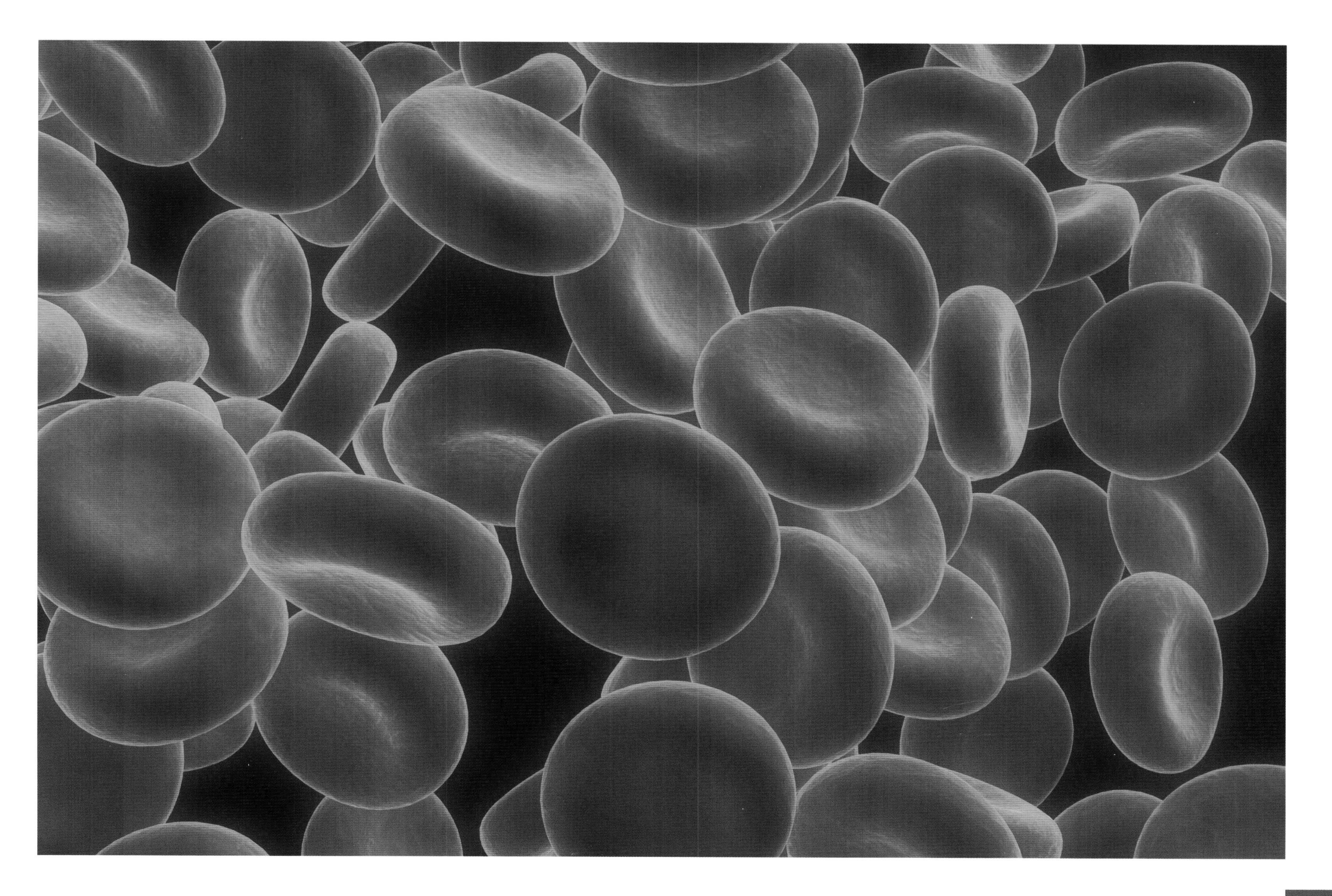

5,000,000

1 KILOGRAM OF SUGAR CONTAINS ABOUT 5 MILLION GRAINS

Thank God for chocolate! Merely having a small piece of it dissolve on your tongue almost feels like paradise, doesn't it? However, it's not just the cocoa doing that, but also the sugar in it. And even though it makes us fat, we simply can't resist its sweet taste. Did you know that one kilogram of sugar contains about 5,000,000 sugar grains? So, if you want to keep a trim line thinking you have to ban the sweet crystals from your life, you could just start out modestly by cutting down a few grains at a time.

5 MILLIONS DE CRISTAUX DE SUCRE POUR FAIRE UN KILO

Quoi de plus délicieux que de laisser fondre un morceau de chocolat dans sa bouche ? Si c'est tellement bon, ce n'est pas uniquement dû au cacao, mais aussi au sucre. Ça fait grossir ? Peu importe, c'est tellement bon ! Mais saviez-vous qu'il faut environ 5.000.000 de cristaux pour faire un kilo ? Et bien soit : si vous voulez absolument éviter de grossir, vous pouvez toujours commencer par renoncer à quelques cristaux par jour !

1 KILOGRAM SUIKER BEVAT 5 MILJOEN KRISTALLEN

Goddank dat er chocolade is! Gewoon een klein stukje ervan dat op je tong smelt en je waant je al in de hemel, niet? Het is echter niet alleen de cacao die het hem doet, maar ook de suiker erin. En al maakt hij ons dik, we kunnen simpelweg niet aan zijn zoete smaak weerstaan. Wist je dat één kilogram suiker ongeveer 5.000.000 suikerkristallen bevat? Als je dus een slanke lijn wil houden en denkt dat je de zoete suikers uit je leven moet bannen, kan je misschien bescheiden beginnen door alvast een paar kristallen minder te nemen.

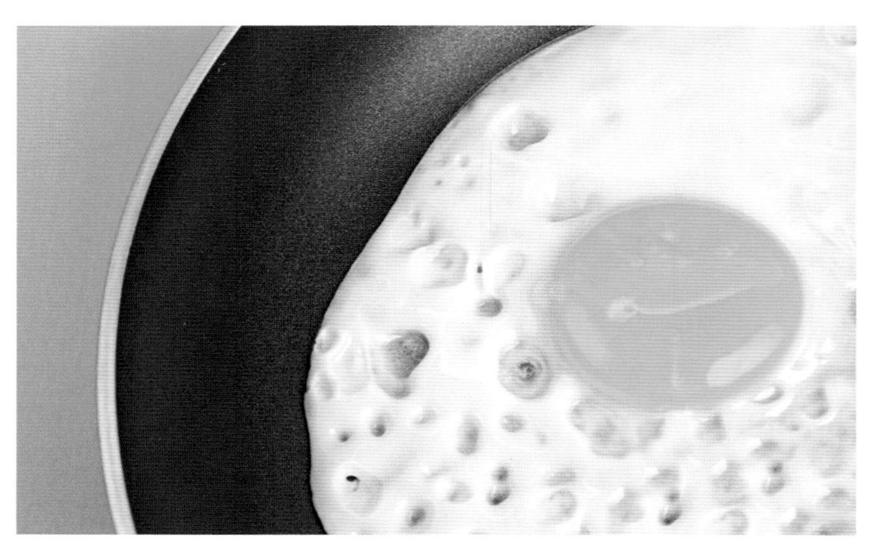

400,000,000,000

HENS LAY 400 BILLION EGGS A YEAR

Which came first—the egg or the hen? That question used to stir heated debates among the Greek philosophers. And even they had no answer. Which is why the origin of the hen continues to puzzle mankind to this day. All we know for sure is that hens are bona fide masters at the art of laying eggs. Every year, they perform their small miracles 400,000,000,000 times around the world. Still, even as we cut into our breakfast egg, we can't help but wonder: which did come first—the egg or the hen?

400 MILLIARDS D'ŒUFS DE POULES PAR AN

Qu'est-ce qui est apparu en premier : l'œuf ou la poule ? Ce paradoxe est très ancien, puisque les philosophes grecs s'y sont déjà intéressés. Sans toutefois y apporter de réponse satisfaisante, de sorte qu'on se pose toujours la question. Une seule chose est certaine : les poules sont championnes de ponte dans le règne animal, puisqu'elles totalisent 400.000.000.000 d'œufs par an. Autant d'occasions de se poser la question au petit déjeuner : mais d'où vient donc mon œuf à la coque ?

KIPPEN LEGGEN 400 MILJARD EIEREN PER JAAR

Wat was er eerst, de kip of het ei? Deze vraag leidde tot verhitte debatten onder Griekse filosofen. En zelfs zij hadden er geen antwoord op. Daarom blijft de oorsprong van de kip de mens tot op de dag van vandaag bezighouden. Wat we wel zeker weten, is dat kippen betrouwbare kampioenen zijn in de kunst van het eieren leggen. Elk jaar volbrengen ze hun kleine mirakel zo'n 400.000.000.000 keer wereldwijd. En toch, zelfs als we aan ons ontbijteitje beginnen, kunnen we het niet laten ons af te vragen wat er eerst was, de kip of het ei?

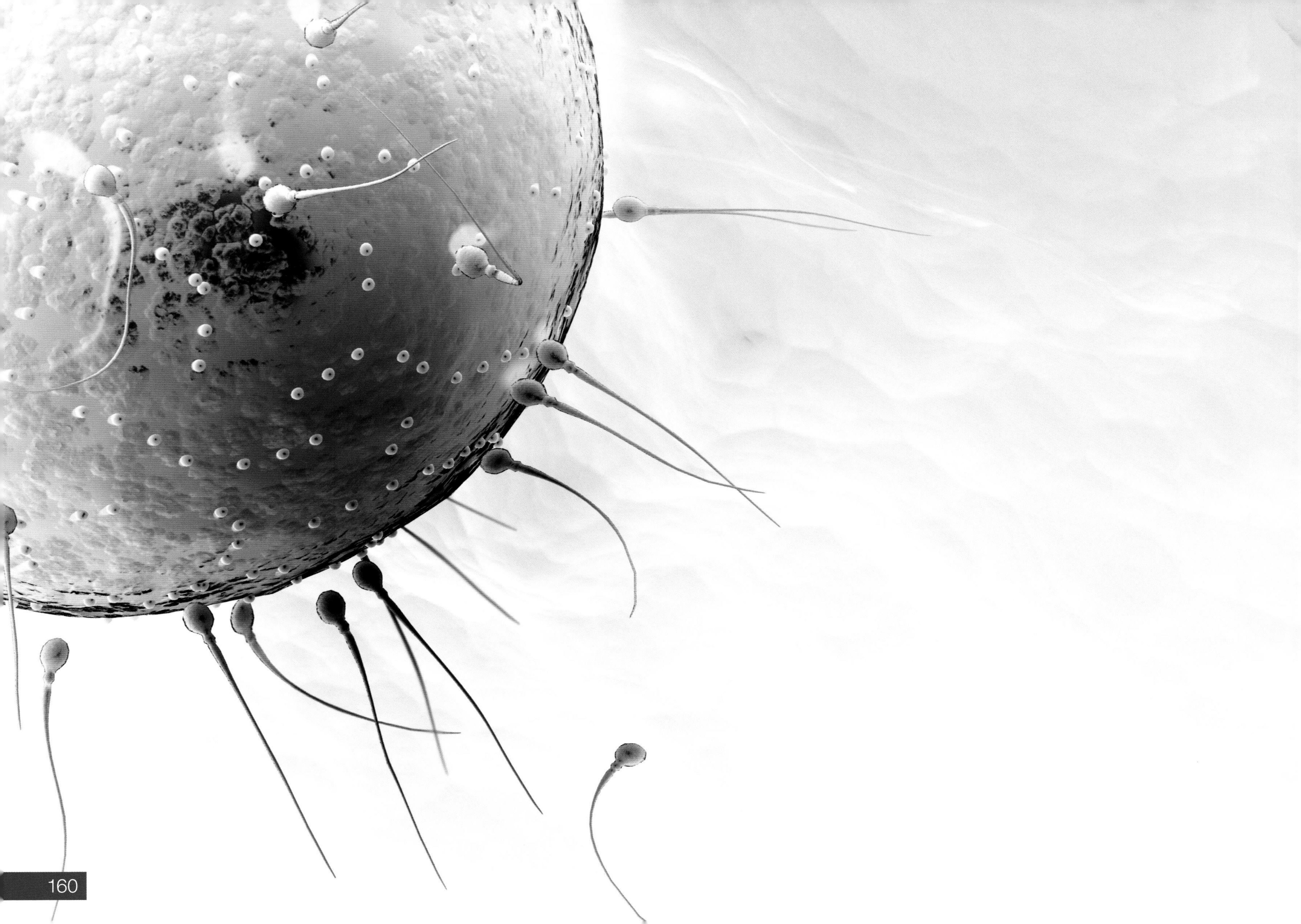

500,000,000

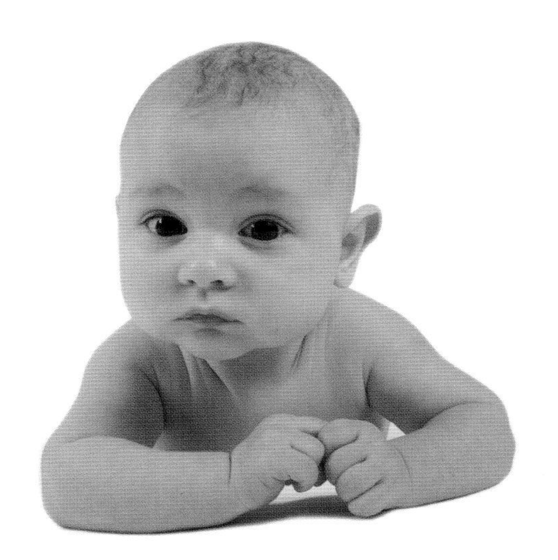

500 MILLION SPERMS TRY TO INSEMINATE A HUMAN EGG

Life hasn't even begun yet, and already there's that pressure to compete! There is a single human egg waiting for its insemination—that leaves no time to waste! Here come 500,000,000 sperms simultaneously swimming in a race in which only the fastest one ever makes it to the goal. But it's all worth it! Give it 9 months and you'll see the adorable outcome of the race.

500 MILLIONS DE SPERMATOZOÏDES ET UN SEUL OVULE

La vie n'a pas encore commencé et il faut déjà se presser, se battre et s'imposer aux autres : la concurrence est effectivement très dure entre les 500.000.000 de spermatozoïdes qui se précipitent vers le seul ovule à féconder. Dans cette masse, un seul d'entre eux arrivera au but et environ 9 mois plus tard, les heureux parents admireront le résultat des courses.

500 MILJOEN SPERMACELLEN OM EEN MENSELIJKE EICEL TE BEVRUCHTEN

Het leven is nog niet eens begonnen en er is al die prestatie druk! Er wacht één enkel menselijk eitje om bevrucht te worden – er is dus geen tijd te verliezen! Hier komen 500.000.000 spermatozoïden aangezwommen in een race waarin alleen de snelste tot aan de eind meet raakt. Maar het is het allemaal waard! Nog 9 maanden geduld en je ziet het schattige resultaat van de race.

1,000,000

THE AVERAGE PERSON LAUGHS 1 MILLION TIMES IN HIS/HER LIFETIME

Have you laughed today? A proverb says that a day without a laugh is a lost day. Well on any such lost day, we allow an average of 36 funny moments to wastefully pass us by. On the other hand, if we use every available opportunity to laugh, we can reap a grand total of 1,000,000 happy moments in our lives. And that's good! After all, a smile adds more than just beauty, and laughing is downright healthy!

RIRE 1 MILLION DE FOIS DANS SA VIE

Avez-vous déjà ri aujourd'hui ? Souvenez-vous du proverbe : « Une journée sans rire est une journée perdue ». Quel gâchis de laisser passer ainsi 36 moments drôles en moyenne par jour! Mais si vous n'en ratez pas un, vous pouvez espérer rire et sourire 1.000.000 de fois dans votre vie. C'est beaucoup, mais tant mieux, car un sourire est toujours embellissant, et rire est vraiment bon pour la santé.

EEN GEMIDDELD PERSOON LACHT 1 MILJOEN KEER IN ZIJN OF HAAR LEVEN

Heb je vandaag al gelachen? Het spreekwoord zegt dat een dag niet gelachen, een dag niet geleefd is. Wel, op zo'n gemiddelde verloren dag laten we een 36-tal grappige momenten aan onze neus voorbijgaan. Als we daarentegen gebruikmaken van elke mogelijkheid om te lachen, kunnen we in ons leven het prachtige totaal van 1.000.000 blije momenten meepikken. En dat is goed. Want, tenslotte biedt een glimlach meer dan alleen maar schoonheid en is lachen gewoonweg gezond!

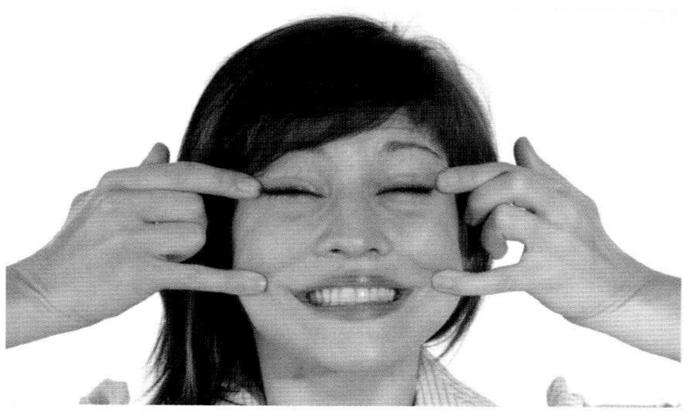
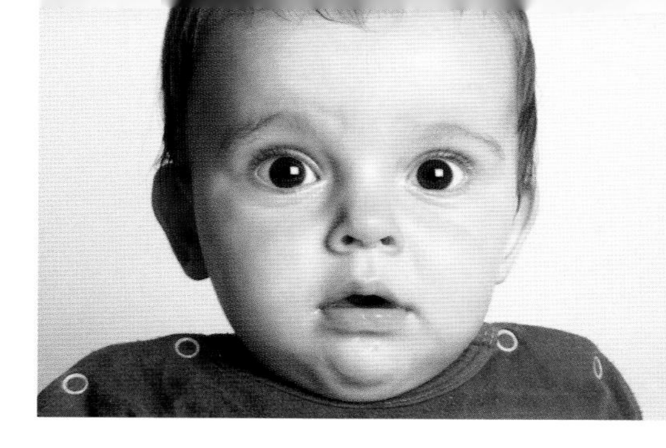

35,000,000

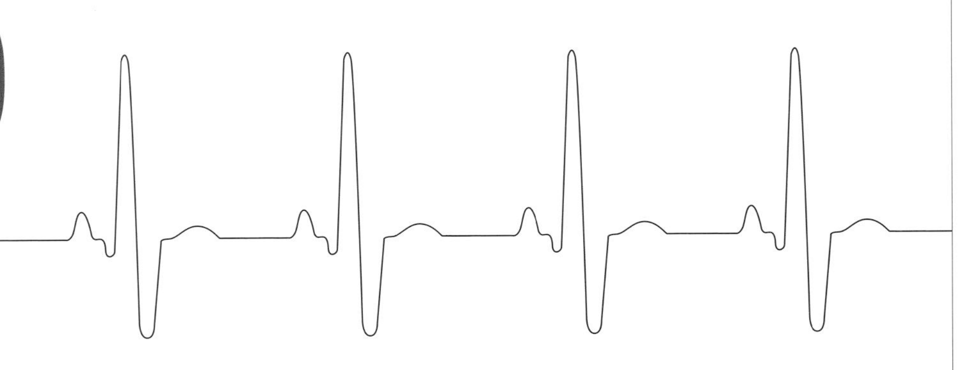

THE HUMAN HEART BEATS 35 MILLION TIMES A YEAR

If you're about to give away your heart to someone, be sure it's to the right person. Remember, it's the organ that keeps you alive. It contracts a total of 70 times a minute, 100,000 times a day, in order to keep pumping blood throughout our entire bodies. In terms of the whole year, our heart beats 35,000,000 times. When we're afraid or excited, it starts beating even faster. And when we're in love, it sometimes feels like it's standing still for a moment. Then it comes right back—and the butterflies in our stomach start to add a new beat.

35 MILLIONS DE BATTEMENTS DE CŒUR PAR AN

Organe vital qui pompe le sang à travers le corps humain, le cœur bat 70 fois par minute, soit environ 100.000 fois par jour et quelque 35.000.000 de fois par an. Et encore plus lorsqu'on est sous le choc d'une émotion comme la peur ou l'excitation. Sans parler des palpitations que provoque la vue de l'être aimé ! Dans ces conditions, mieux vaut ne pas donner son cœur à la légère...

EEN MENSENHART KLOPT 35 MILJOEN KEER PER JAAR

Als je op het punt staat je hart aan iemand te verliezen, wees er dan zeker van dat het de juiste persoon is. Want vergeet niet, dit is het orgaan dat je in leven houdt. Het trekt in totaal 70 keer per minuut samen – dat is 100.000 keer per dag – om het bloed door je hele lichaam heen te blijven pompen. Over een heel jaar bekeken, klopt ons hart gemiddeld 35.000.000 keer. Wanneer we bang of opgewonden zijn, begint het zelfs nog sneller te kloppen. En wanneer we verliefd zijn, lijkt het soms wel even stil te staan. Dan komt het ritme weer terug – en de vlinders in onze buik doen ons hart weeral wat sneller slaan.

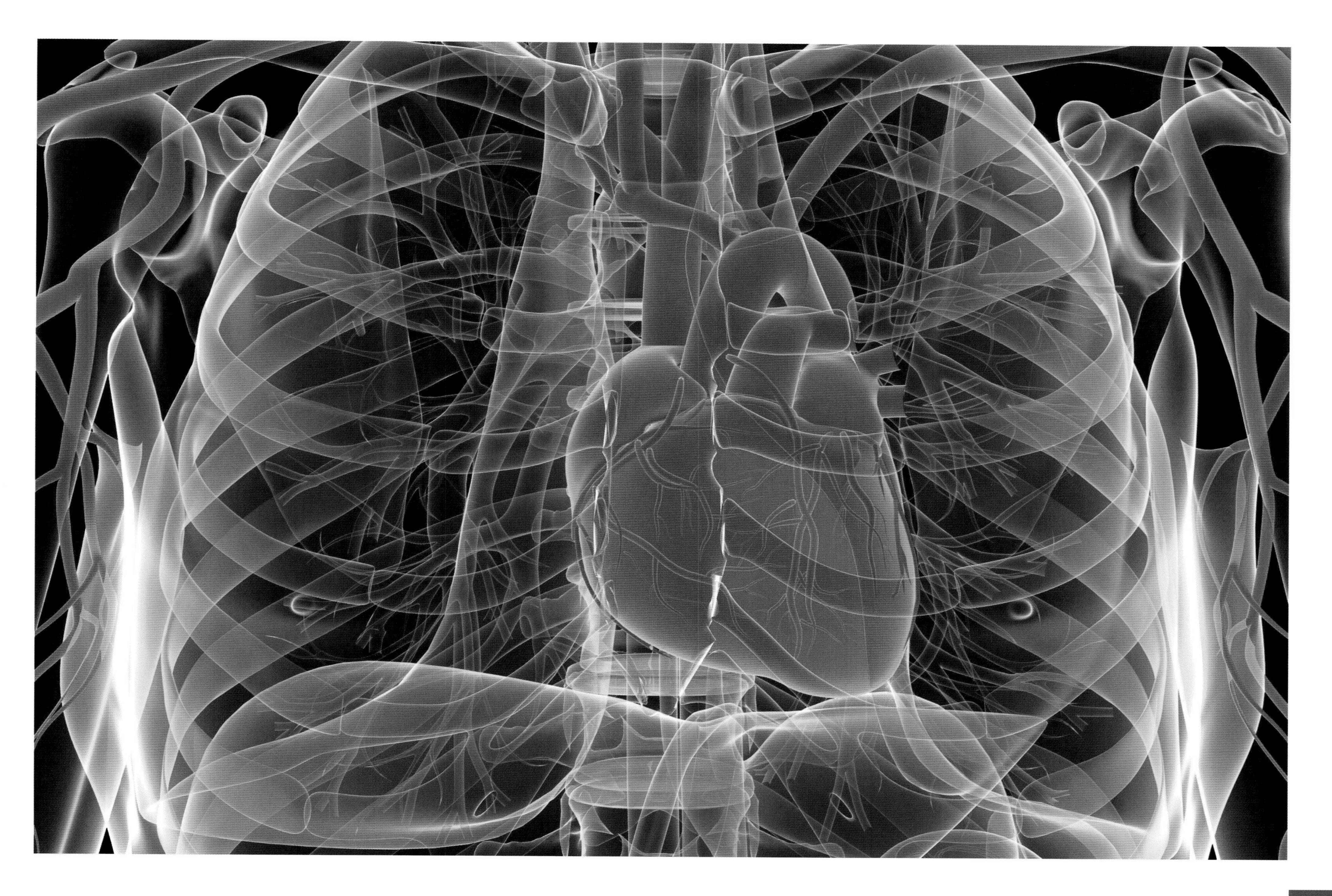

4,000,000

THERE ARE 4 MILLION ANIMAL SPECIES ON THE PLANET

You don't have to visit the zoo to appreciate the biodiversity our planet has to offer. Just think of the many dogs, cats and houseflies we encounter every day to comprehend the manifoldness of the animal kingdom. We have studied and recorded about 1,750,000 animal species so far. But that's a mere fraction of all the species still out there—estimates suggest a total of 4,000,000 animal species. That means the majority has yet to be discovered in the most remote places of our Earth.

4 MILLIONS D'ESPÈCES ANIMALES SUR LA TERRE

Les zoos présentent en général un bon panorama de la biodiversité. Et lorsqu'on considère tous les insectes et tous les chiens et chats différents qu'on rencontre dans la vie de tous les jours, on s'aperçoit que le monde animal est vraiment très diversifié. Les scientifiques, qui ont déjà recensé et étudié environ 1.750.000 espèces différentes, estiment que le règne animal compte plus de 4.000.000 d'espèces au total. Ce qui signifie que la majorité des animaux vivant sur Terre sont encore à découvrir dans les lieux les plus reculés de la planète.

ER ZIJN 4 MILJOEN DIERSOORTEN OP ONZE PLANEET

U hoeft geen bezoek te brengen aan de zoo om de biodiversiteit die onze planeet te bieden heeft, naar waarde te kunnen schatten. Denk gewoon aan de vele honden, katten en huisvliegen die we elke dag tegenkomen om een idee te krijgen van de grote verscheidenheid in het dierenrijk. We hebben tot nog toe ongeveer 1.750.000 diersoorten bestudeerd en geregistreerd. Dit is slechts een fractie van alle soorten die er zijn – schattingen geven een totaal van 4.000.000 diersoorten. Dit betekent dat de meerderheid nog moet worden ontdekt in de vele afgelegen plaatsen van onze aarde.

100,000,000,000

THE HUMAN BRAIN CONSISTS OF 100 BILLION NEURONS

The human brain contains between 15,000,000,000 and 100,000,000,000 brain cells connected with each other by means of synapses. These connections make it possible to store information somewhere in the neighborhood of 2 to the power of 10,000,000,000. Writing this number out and adding a zero every second would take 90 years—provided we remember to keep on writing it out all these years. Bear in mind that our memory starts to diminish with age.

100 MILLIARDS DE NEURONES DANS LE CERVEAU HUMAIN

Notre cerveau abrite entre 15.000.000.000 et 100.000.000.000 de cellules reliées entre elles par des synapses, de sorte que nous pouvons enregistrer un nombre total d'informations égal à 2 puissance 10.000.000.000. Si l'on voulait écrire ce nombre entièrement, à raison d'un zéro toutes les secondes, il ne faudrait pas moins de 90 ans. Autant dire que c'est impossible car même en commençant jeune, on finirait toujours par oublier quelques zéros, puisqu'on sait bien que la mémoire faiblit avec l'âge.

HET MENSELIJK BREIN BEVAT 100 MILJARD NEURONEN

Het menselijk brein telt tussen 15.000.000.000 en 100.000.000.000 hersencellen die door middel van synapsen met elkaar verbonden zijn. Deze ver-bindingen maken het mogelijk om informatie op te slaan ter grootte van zo ongeveer 2 tot de 10.000.000.000ste macht. Dit cijfer uitschrijven en elke seconde een nul toevoegen zou ons ongeveer 90 jaar kosten – op voorwaarde dat we al die jaren niet vergeten te blijven schrijven. We moeten er immers wel rekening mee houden dat ons geheugen erop achteruitgaat met de jaren!

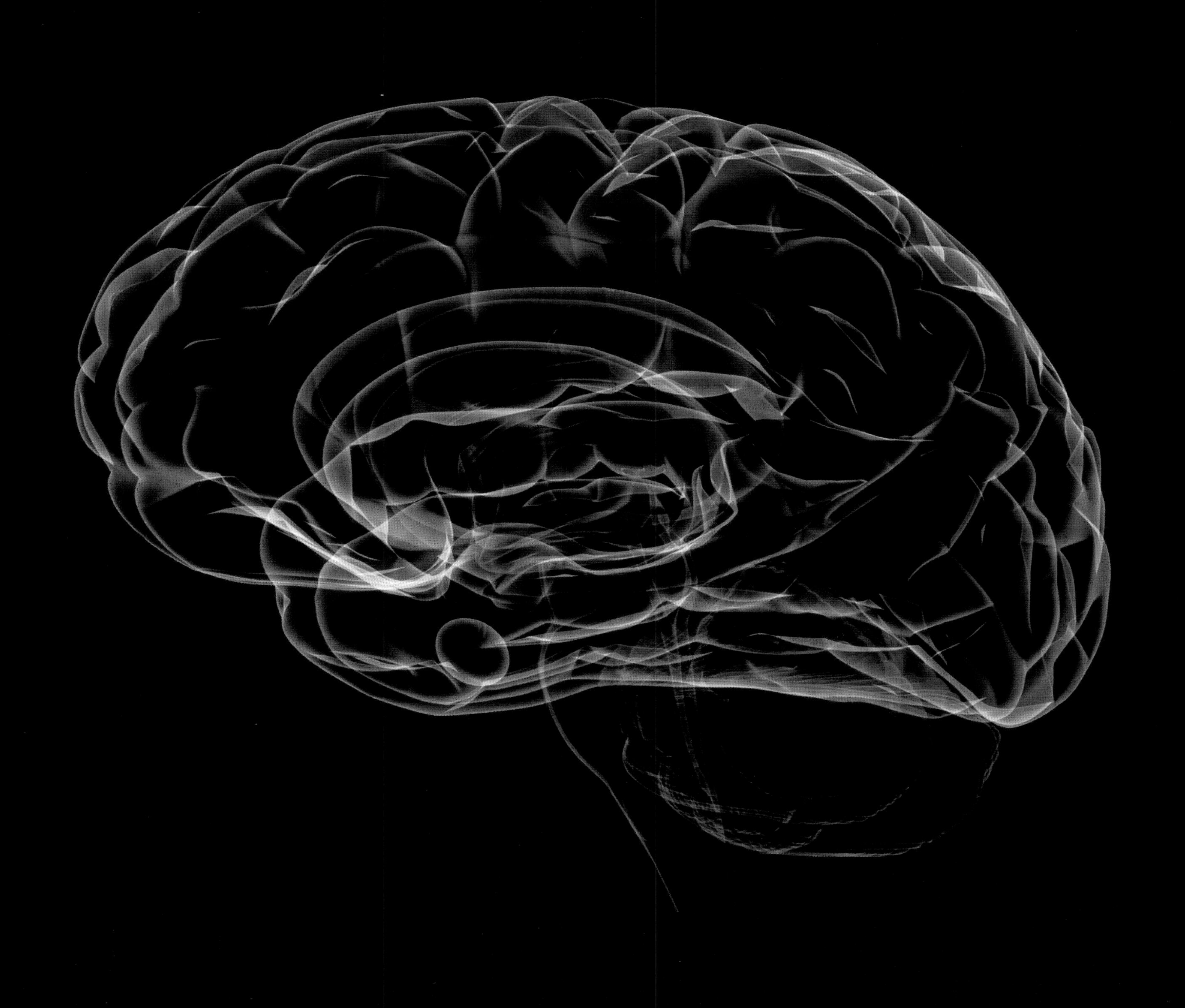

1,500,000

THE LONGEST FAMILY TREE COUNTS 1.5 MILLION DESCENDENTS

Nowadays, reverence for the philosophy of Confucius, born 551 BC in present-day China, is no longer limited to Asia alone. His teachings have gathered a following worldwide. However, there are around 1,500,000 people, whose relationship to the philosopher goes even deeper—they really are related to him. His family tree traces back to 8th Century BC, namely to K'ung Chia, the great-great-great-great-grandfather of Confucius. His direct descendent of 85th lineage presently lives in Taiwan, bearing the name Wie-ning.

1,5 MILLIONS DE DESCENDANTS DANS L'ARBRE GENEALOGIQUE LE PLUS LONG

Confucius est un sage né en Chine en 551 av. J.-C. Sa philosophie a fait de nombreux adeptes non seulement en Asie, mais de part le monde. Environ 1.500.000 de personnes revendiquent un lien plus étroit avec ce grand personnage puisqu'ils estiment faire partie de sa descendance. En ligne ascendante, l'arbre généalogique de Confucius remonte jusqu'à K'ung Chia, personnage ayant vécu au VIIe siècle avant notre ère. Aujourd'hui, 85 générations plus tard, un Chinois de Taiwan nommé Wie-ning prétend être un descendant direct de ce grand philosophe.

DE LANGSTE FAMILIESTAMBOOM TELT 1,5 MILJOEN AFSTAMMELINGEN

Het respect voor de filosofie van Confucius – geboren in 551 voor Christus in het huidige China – is tegenwoordig niet langer beperkt tot Azië alleen. Zijn leerstellingen hebben wereldwijd aanhang gekregen. Er zijn echter zo'n 1.500.000 mensen bij wie de relatie met deze filosoof nog dieper gaat – ze zijn echt met hem verwant. Zijn familiestamboom gaat terug tot in de 8ste eeuw voor Christus, namelijk tot K'ung Chia, de bet-bet-betgrootvader van Confucius. Zijn directe afstammeling in de 85ste graad woont vandaag in Taiwan en heet Wie-ning.

3,000,000

ONE DECIDUOUS TREE PRODUCES 3 MILLION LITERS OF OXYGEN A YEAR

The oxygen we all need in order to survive doesn't just come from the rainforests, but right from the cherry trees in our gardens—quite a lot of it, in fact. One deciduous tree produces about 370 liters of oxygen an hour, which amounts to 3,000,000 liters a year. On the other hand, the average adult only uses about 131,400 liters a year. If we apply that number to the entire human race, then we all consume around 788,400,000,000,000 liters, a lot more than what a single cherry tree can handle.

UN ARBRE FEUILLU PRODUIT 3 MILLIONS DE LITRES D'OXYGÈNE PAR AN

Certes, l'Amazonie est le plus grand réservoir d'oxygène au monde, mais le petit cerisier au fond du jardin produit lui aussi une quantité non négligeable de ce gaz d'une importance capitale pour toute vie sur Terre. Qu'on en juge : en rejetant 370 litres d'oxygène à l'heure, le moindre feuillu ne produit pas moins de 3.000.000 de litres de gaz par an. On sait par contre qu'un adulte en consomme en moyenne 131.400 litres pour la même période, ce qui donne une consommation totale de 788.400.000.000.000 de litres d'oxygène pour l'humanité entière. De quoi nous motiver à conserver l'Amazonie…

EÉN LOOFBOOM PRODUCEERT 3 MILJOEN LITER ZUURSTOF PER JAAR

De zuurstof die we allemaal nodig hebben om te overleven, komt niet alleen van het regenwoud, maar ook van de kersenbomen in onze tuin, heel wat zelfs. Eén loofboom produceert ongeveer 370 liter zuurstof per uur – dat komt neer op 3.000.000 liter per jaar. Aan de andere kant gebruikt een gemiddelde volwassene slechts 131.400 liter per jaar. Als we dat aantal naar het hele mensenras extrapoleren, consumeren we allemaal samen ongeveer 788.400.000.000.000 liter, heel wat meer dan een enkele kersenboom aankan.

THERE ARE 1.3 QUITILLION LITERS OF WATER ON THE EARTH

Shipwreck survivors find themselves in a terrible situation, indeed. They're swimming in water, and yet, they can't drink a single drop. Of the 1,300,000,000,000,000,000 liters of water covering 71% of our planet's surface, only about 1% is actually drinkable. Still, there are those who claim that it's possible to survive on saltwater alone. In 1952, for example, Frenchman Alain Bombard allowed himself to drift in an inflatable craft across the Atlantic. He insisted that he spent 65 days living solely on seawater—a rather questionable experiment.

1,3 TRILLION DE LITRES D'EAU SUR TERRE

Un vrai cauchemar pour les naufragés : ils sont entourés d'eau et n'ont rien à boire. Car bien que les océans couvrent 71 % de la surface terrestre et contiennent 1.300.000.000.000.000.000 de litres d'eau, seulement 1 % de cette quantité phénoménale est potable. Bien que certains prétendent qu'on peut survivre en buvant de l'eau de mer. C'est ce qu'Alain Bombard a voulu démontrer en traversant l'Atlantique en solitaire en 1952. Ce navigateur français a prétendu n'avoir pas bu d'eau douce pendant 65 jours, mais ses assertions sont aujourd'hui mises en doute.

ER IS 1,3 TRILJOEN LITER WATER OP AARDE

Schipbreukelingen zitten echt wel in een vreselijke situatie. Ze zien massa's water en toch kunnen ze er geen druppel van drinken. Van de 1.300.000.000.000.000.000 liter water die 71% van het oppervlak van onze planeet bedeken, is slechts circa 1% drinkbaar. Toch zijn er mensen die beweren dat het mogelijk is om op zout water alleen te overleven. In 1952, bijvoorbeeld, liet de Fransman Alain Bombard zich in een opblaasbare boot met de Atlantische Oceaan meedrijven. Hij beweerde 65 dagen uitsluitend met zeewater te hebben overleefd – een eerder omstreden experiment.

000,000

200,000,000

200 MILLION CUBIC METERS OF SAND AND ROCK FOR THE PALM ISLANDS

In 2001, the United Arab Emirates began developing a new self-declared World Wonder. Along the coast of Dubai, a property developer is using over 200,000,000 cubic meters of sand and rock to build 3 artificial islands. Shaped like palm trees, these islands will cover an area 25 times larger than Monaco. In 2008, a celebration costing $20,000,000 heralded the opening of The Palm Jumeirah, the first of the islands to be completed. This island alone adds an additional 100 kilometers of shoreline to Dubai!

200 MILLIONS DE MÈTRES CUBES DE MATÉRIAUX POUR UNE ÎLE ARTIFICIELLE

La construction d'une nouvelle « merveille du monde » a débuté en 2001 à Dubaï, l'un des Émirats arabes unis. Quelque 200.000.000 de mètres cubes de sable et de pierres seront nécessaires à la construction des 3 îles artificielles. En forme de palmiers, elles auront une superficie totale 25 fois supérieure à celle de la principauté de Monaco. La première des trois, « The Palm Jumeirah », a été inaugurée en 2008 avec une fête qui a coûté $ 20.000.000. Son périmètre rallonge les côtes de l'émirat de 100 kilomètres.

200 MILJOEN KUBIEKE METER ZAND EN ROTSSTEEN VOOR DE PALMEILANDEN

In 2001 startten de Verenigde Arabische Emiraten met de ontwikkeling van een nieuw, zelfverklaard Wereldwonder. Langs de kust van Dubai gebruikte een projectontwikkelaar meer dan 200.000.000 kubieke meter zand en rotsgesteente voor de bouw van 3 kunstmatige eilanden. Deze eilanden in de vorm van een palmboom bedekken een oppervlak dat 25 keer groter is dan Monaco. In 2008 werd Palm Jumeirah, het eerst voltooide eiland, plechtig geopend met een feest dat een slordige $ 20.000.000 kostte. Dit eiland alleen al voegt 100 kilometer extra toe aan de kustlijn van Dubai!

200,000,000

ILULISSAT ICEFJORD PRODUCES 200 MILLION TONS OF ICE EVERY DAY

It contributed to sealing the fate of the Titanic. Located in western Greenland, Ilulissat Icefjord measures 40 kilometers in length and 7 kilometers in width. Its masses of ice originate from the most productive glacier on Earth, which adds an estimated 200,000,000 tons of ice to it every day. These massive tons of ice turn into gigantic blocks of ice that eventually break away to drift out into the Atlantic at a speed of up to one meter an hour. The famous-notorious iceberg that proved to be fatal to the Titanic in 1912 was a part of this glacier.

LE FJORD DE GLACE ILULISSAT PRODUIT 200 MILLIONS DE TONNES DE GLACE PAR JOUR

Qui est responsable du naufrage du Titanic ? Un iceberg issu du glacier d'Ilulissat, sur la côte ouest du Groenland. Ce fjord glacé qui mesure 7 kilomètres de large pour 40 kilomètres de long est un des plus grands fournisseurs d'icebergs de la planète puisqu'il en produit quelque 200.000.000 de tonnes par jour. Ces immenses blocs de glace dérivent ensuite sur l'Atlantique Nord à une vitesse allant jusqu'à un mètre par heure. C'est avec l'un d'entre eux que le Titanic est entré en collision en 1912.

DE ILULISSAT IJSFJORD PRODUCEERT ELKE DAG 200 MILJOEN TON IJS

Hij bezegelde mee het lot van de Titanic. De Ilulissat ijsfjord, gelegen in westelijk Groenland, is 40 kilometer lang en 7 kilometer breed. Zijn vele tonnen ijs zijn afkomstig van de meest productieve gletsjer ter wereld, die elke dag naar schatting 200.000.000 ton extra aanbrengt. Deze massieve hoeveelheden ijs vormen gigantische blokken die soms afbreken om vervolgens de Atlantische Oceaan in te drijven met een snelheid van één meter per uur. Ook de beruchte ijsberg die de Titanic in 1912 fataal werd, was ooit een onderdeel van deze gletsjer.

5,475,000

EVERY PERSON BLINKS 5.5 MILLION TIMES A YEAR

Our emotional state really does show in our eyes. If we're startled, we close them on reflex. If we experience fear, we blink as many as 50 times a minute. However, whenever we read, stare at computers or watch TV, we only blink 7.5 times during the same amount of time, meaning only half as many times as when we're in a normal state. In the space of one year, every person blinks at least 5,475,000 times—with women doing it more frequently than men.

CLIGNER DES YEUX 5,5 MILLIONS DE FOIS PAR AN

Notre état émotionnel se lit dans les yeux. Lorsque quelque chose nous effraye, nous fermons les yeux par reflex. Lorsque nous sommes anxieux, nous clignons jusqu'à 50 fois par minute. En état normal cela se fait avec une moyenne de 15 fois par minute. Voir 2 fois moins lorsque nous lisons ou regardons la télé ou un écran ordinateur. En totalité on en arrive à un minimum de 5.475.000 clignements par an – un peu plus pour les femmes que pour les hommes.

ELKE PERSOON KNIPPERT JAARLIJKS 5,5 MILJOEN KEER MET DE OGEN

Onze emotionele is echt wel af te lezen in onze ogen. Als we opschrikken, sluiten we ze in een reflex. Als we angst ervaren, knipperen we wel 50 keer per minuut met de ogen. Wanneer we echter lezen, naar het beeldscherm van onze computer staren of TV kijken, knipperen we gedurende dezelfde periode slechts 7,5 keer, dat is maar half zoveel dan in normale toestand. Over een heel jaar bekeken, knippert elke persoon minstens 5.475.000 met de ogen – vrouwen overigens vaker dan mannen.

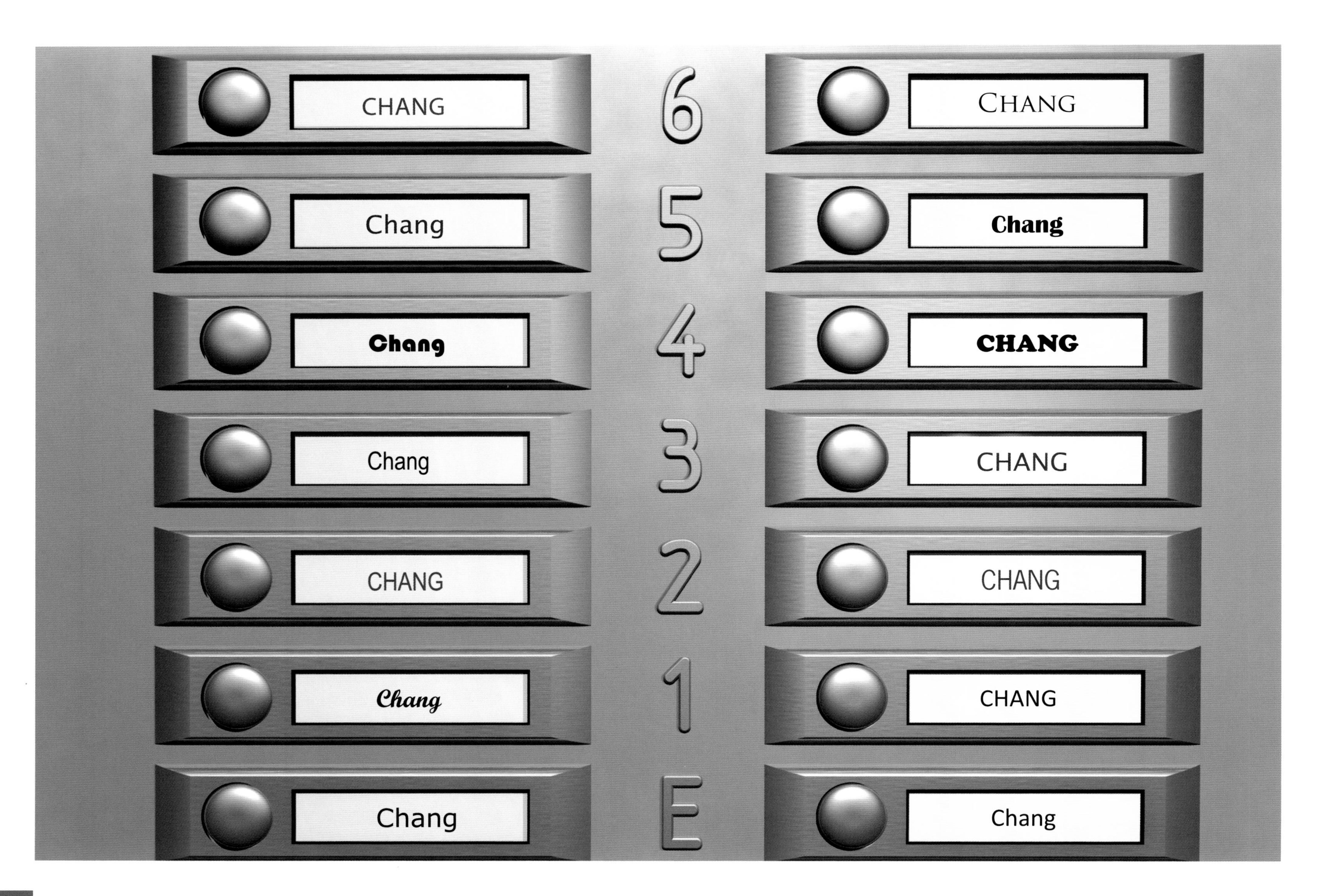
CHANG
6
CHANG
Chang
5
Chang
Chang
4
CHANG
Chang
3
CHANG
CHANG
2
CHANG
Chang
1
CHANG
Chang
E
Chang

100,000,000

100 MILLION PEOPLE SHARE THE SAME LAST NAME

It shouldn't come as a surprise that the world's most common last name is Chinese. After all, the Middle Kingdom has 1,300,000,000 people, making it the most populated country on the planet, and an estimated 100,000,000 people share the last name of "Chang". That presents a serious challenge to any young parents bearing that family name as they try to find the right first name for their offspring—after all, who wants their kid to be named just like all those other Changs? Well, whatever their final choice, it probably shouldn't be Mohammad—the world's most common first name.

100 MILLIONS DE PERSONNES AVEC LE MÊME NOM DE FAMILLE

Rien de surprenant à ce que le nom de famille le plus fréquent au monde soit chinois, car on sait qu'avec 1.300.000.000 d'habitants, la Chine est le pays le plus peuplé de la Terre. Ainsi, près de 100.000.000 de personnes s'appellent « Chang » dans l'Empire du Milieu. Dans ces conditions, il est important que les parents choisissent un prénom qui permette à leur enfant de sortir de la masse. Alors autant ne pas choisir « Mohammed », puisque c'est le prénom le plus fréquent au monde.

100 MILJOEN MENSEN DELEN DEZELFDE FAMILIENAAM

Het is waarschijnlijk geen verrassing dat 's werelds meest voorkomende familienaam Chinees is. Tenslotte telt het land 1.300.000.000 inwoners en is het daarmee het dichtst bevolkte land ter wereld. Naar schatting 100.000.000 mensen delen er de familienaam 'Chang'. Dat stelt jonge ouders met deze familienaam voor een serieuze uitdaging wanneer ze de juiste voornaam voor hun kroost proberen te vinden. Immers, wie wil er nu dat zijn kind net als al die andere Changs heet? Wat ook hun keuze is, Mohammed, 's werelds meest gebruikte voornaam, zal het wellicht wel niet zijn.

5,000,000

5 MILLION BLOSSOMS GO INTO ONE LITER OF HONEY

Our hardworking honeybees really have their work cut out when it comes to filling the honey jars we put on our breakfast tables. They need to approach no less than 5,000,000 blossoms to collect 3 kilograms of nectar. A purification process then turns those 3 kilos of nectar into 1 liter of honey. Since their honey stomachs are barely larger than a pinhead, these flying gatherers have to make several roundtrips between the flowers and their beehives. Merely filling a thimble with nectar would require a single honeybee to fill and empty its stomach up to 60 times.

5 MILLIONS DE FLEURS POUR UN LITRE DE MIEL

Incroyable, tout le travail que les abeilles ont dû faire pour ce simple pot de miel sur notre table de petit déjeuner ! Il leur a fallu butiner 5.000.000 de fleurs pour recueillir les 3 kilos de nectar nécessaires à faire 1 litre de miel. Le jabot dans lequel une abeille recueille le nectar n'étant pas plus gros qu'une tête d'épingle, elle doit faire des allers-retours continuels entre les fleurs et la ruche. Pour recueillir l'équivalent d'un dé à coudre, elle devra ainsi remplir et vider son jabot une soixantaine de fois.

IN ÉÉN LITER HONING GAAN 5 MILJOEN BLOESEMS

Onze hardwerkende bijen hebben echt wel hun vleugels vol om de honingpotten te vullen die we op onze ontbijttafels zetten. Ze moeten niet minder dan 5.000.000 bloesems bezoeken om 3 kilogram nectar te verzamelen. Een zuiveringsproces zet deze 3 kilo nectar vervolgens om in 1 liter honing. Aangezien hun honingmagen nauwelijks groter zijn dan een speldenkop, moeten deze vliegende verzamelaars heel wat rondjes heen en weer vliegen tussen de bloemen en hun bijenkorven. Om nog maar een vingerhoedje met nectar te vullen, moet één enkele bij zijn maag tot 60 keer vullen en ledigen.

6,000,000

A BOEING 747 CONSISTS OF 6 MILLION INDIVIDUAL PARTS

To this day, flying has lost none of its fascination. Watching a Boeing 747 take off almost seems like a miracle, considering its immense weight. What makes it even more astounding is that this kind of aircraft consists of 6,000,000 individual parts. Some of them are the size of a fingernail, while others are so large that it takes heavy machinery just to move them. Of course, our 747 isn't going anywhere before all of those parts are properly assembled.

6 MILLIONS DE PIÈCES POUR UN BOEING 747

Plus d'un siècle après les premières « machines volantes », un avion reste encore quelque chose d'absolument fascinant : un appareil comme le Boeing 747, par exemple, qui pèse plusieurs centaines de tonnes, s'élève dans les airs comme le plus léger des oiseaux. Cette merveille technologique se compose de rien de moins que 6.000.000 de pièces, certaines grosses comme l'ongle, d'autres si volumineuses qu'on a besoin d'une grue pour les manipuler. Et la sûreté de vol du « Jumbo Jet » dépendra du bon assemblage de l'ensemble.

EEN BOEING 747 BESTAAT UIT 6 MILJOEN INDIVIDUELE ONDERDELEN

Tot op de dag van vandaag is vliegen nog steeds even fascinerend. Een Boeing 747 zien opstijgen, lijkt wel een mirakel gezien het immense gewicht. Wat het nog verbazingwekkender maakt, is dat dit type vliegtuig samengesteld is uit 6.000.000 individuele onderdelen. Sommige zijn slechts een vingernagel groot, andere zo groot dat er zware machines nodig zijn om ze nog maar gewoon te verplaatsen. Uiteraard vliegt onze 747 nergens heen alvorens al deze onderdelen correct gemonteerd zijn.

If the odds are a million to one against something occurring, chances are 50-50 it will.

Anonymous

PROBABILITY

125,000,000

THERE ARE 125 MILLION TWINS IN THE WORLD

Double the bottle, double the burps, double the diaper change. Their parents see double stress as much as double joy—because twins are entirely unique. Chances of a pregnancy resulting in more than one child are 1 to 85. Worldwide, there are 125,000,000 twins, 1/3 being identical twins. The latter are the ones that actually share the same genes to become the spitting image of each other.

125 MILLIONS DE JUMEAUX DANS LE MONDE

2 biberons à préparer, 2 rots à faire, 2 couches à changer – avoir des jumeaux signifie certes 2 fois plus de travail pour les parents, mais aussi un double bonheur. La probabilité d'une grossesse gémellaire n'est cependant que de 1 pour 85. Parmi les 125.000.000 de jumeaux qui vivent aujourd'hui sur notre planète , un tiers sont monozygotes : il s'agit de « vrais jumeaux », qui ont les mêmes chromosomes et dont la ressemblance physique est frappante.

ER ZIJN 125 MILJOEN TWEELINGEN OP DE WERELD

Dubbel zoveel flesjes, dubbel zoveel boertjes, dubbel zoveel luiers te verversen. Hun ouders kennen eens zoveel stress maar ook eens zoveel vreugde, want tweelingen zijn echt wel uniek. De kans dat een zwangerschap tot meer dan één kind leidt, is 1 op 85. Wereldwijd zijn er 125.000.000 tweelingen, waarvan 1/3 de identieke tweelingen zijn. Het zijn deze laatsten die dezelfde genen delen en zo elkaars spiegelbeeld worden.

13,983,816

THE ODDS OF WINNING THE LOTTERY ARE 1 TO 13,983,816

Odds are we're more likely to be struck by lightning than to draw the right numbers in the lottery. Still, that doesn't deter millions of people from filling out lottery tickets every week in their hope to win the big one. Even if the odds are 1 to 13,983,816—it's still possible to be a millionaire overnight. And you never know! Maybe one day—against all odds—your dreams will come true and you are the lucky winner of millions of dollars.

1 CHANCE SUR 13.983.816 DE GAGNER AU LOTO

La probabilité d'être frappé par la foudre est plus grande que celle de gagner au loto. Et pourtant : chaque semaine, des millions de gens jouent en espérant décrocher le gros lot. Seulement une chance sur 13.983.816 de devenir millionnaire ? Peu importe, et fi des probabilités : un jour, ce pourrait bien être moi l'heureux gagnant !

JE HEBT 1 KANS OP 13.983.816 OM DE LOTTO TE WINNEN

We hebben meer kans om door een blikseminslag te worden getroffen dan om de juiste lottocijfers te hebben. Toch weerhoudt dit miljoenen mensen er niet van om week na week lottoformulieren in te vullen in de hoop het grote lot te winnen. Zelfs al zijn de kansen slechts 1 op 13.983.816, het is nog altijd mogelijk om in één klap miljonair te worden. En je weet maar nooit! Misschien dat op een dag, tegen alle verwachtingen in, je dromen toch werkelijkheid worden en je de gelukkige winnaar bent van miljoenen 'dollars'.

300,000,000

ONE OUT OF 300 MILLION PEOPLE IS ATTACKED BY A SHARK

Sharks have hundreds of razor-sharp teeth arranged in rows like a conveyor belt. If a shark loses a tooth during an attack, the next tooth in the row simply moves up to take its place, which is why divers and swimmers fear a shark attack more than almost anything else. This fear isn't really justified since only around 3,300 shark attacks have been recorded to date around the world and just 554 were fatal. In actuality, more people fall victim to bees, wasps, and snakes every year than sharks.

1 CHANCE SUR 300 MILLIONS D'ÊTRE ATTAQUÉ PAR UN REQUIN

Les requins ont une mâchoire unique dans le règne animal, puisqu'elle se compose de plusieurs rangées de dents extrêmement pointues. Lorsque l'animal en perd une, elle est immédiatement remplacée. Avec une telle dentition, rien d'étonnant à ce que les requins soient redoutés des nageurs et plongeurs. On a effectivement enregistré 3.300 cas de squales ayant attaqué des humains, dont 554 attaques mortelles. Ce nombre doit cependant être relativisé : chaque année, les guêpes et les serpents venimeux font plus de victimes que tous les requins du globe.

EEN OP 300 MILJOEN MENSEN WORDT AANGEVALLEN DOOR EEN HAAI

Haaien hebben honderden vlijmscherpe tanden gerangschikt op rijen zoals die van een lopende band. Als een haai tijdens een aanval een tand verliest, schuift de volgende tand in de rij gewoon op om zijn plaats in te nemen. Daarom ook zijn duikers en zwemmers meer bevreesd voor een aanval van een haai dan voor wat dan ook. Deze vrees is niet echt gegrond, omdat er in de hele wereld tot op vandaag slechts 3.300 haaienaanvallen geregistreerd zijn, waarvan maar 554 met dodelijke afloop. In het echte leven vallen er elk jaar meer slachtoffers door toedoen van bijen, wespen en zelfs slangen dan door haaien.

200,000,000

200 MILLION INSECTS TO EACH ONE OF US

As a species, we humans number 6,000,000,000 worldwide. However, don't let that number fool you into thinking that it gives us the edge over all other creatures on the planet. That title actually goes to the insects on our Earth simply because they outnumber us one to 200,000,000. Ants, flies, bees, locust, beetles and numerous other tiny creatures combine to form the largest group among any species on our planet. Chances are, however, you won't meet most of them up close, so just relax.

200 MILLIONS D'INSECTES POUR UN SEUL ÊTRE HUMAIN

Avec 6.000.000.000 d'êtres humains sur Terre, on pourrait croire qu'homo sapiens est la créature la plus fréquente au monde. Que nenni ! La Terre est en fait dominée par les insectes, puisqu'ils sont 200.000.000 de fois plus nombreux que nous. Fourmis, mouches, abeilles, coléoptères, sauterelles et autres moustiques constituent bien la classe d'animaux la plus vaste au monde. Encore heureux qu'on ne les rencontre pas tous en même temps.

200 MILJOEN INSECTEN VOOR ELK VAN ONS

Als soort zijn wij mensen met ongeveer 6.000.000.000 exemplaren. Denk daarbij maar niet dat we met dit getal alle andere schepselen op de planeet overtroeven. Die eer komt de insecten toe: ze doen het zomaar eventjes 200.000.000 keer beter dan ons. Mieren, vliegen, bijen, sprinkhanen, kevers en talloze andere kleine diertjes vormen samen de grootste groep van alle soorten die er op onze planeet bestaan. De kans is echter groot dat je met de meeste van hen niet meteen van heel nabij kennis zult maken, wees maar gerust.

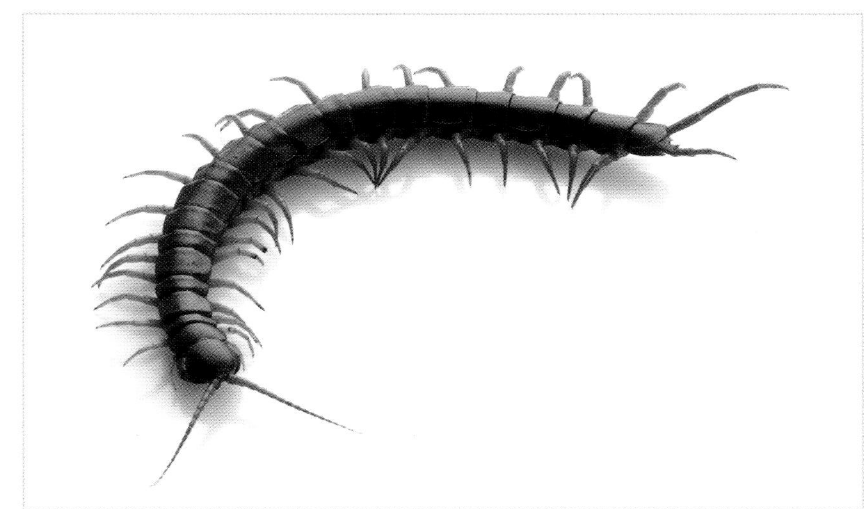
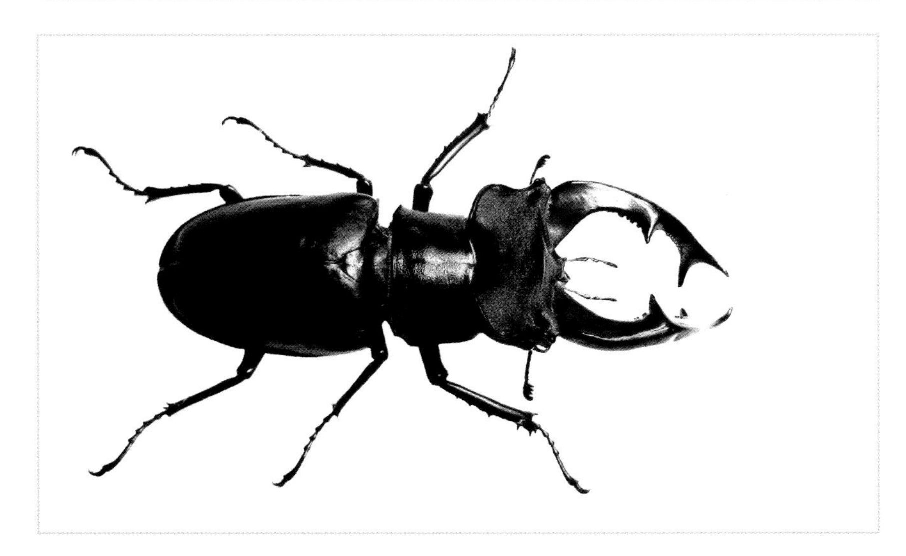

12,000,000

THE ODDS OF BEING STRUCK BY LIGHTNING ARE 1 TO 12 MILLION

During a thunderstorm, the last thing you want to do is seek shelter beneath a tree. The best thing is not to be outside at all during that time. Even though the odds of being struck by lightning are just 1 to 12.000.000, statistics show only 1 out of 2 people struck by lightning live to tell about it. Either way, if you happen to be caught by a storm front out in nature, make sure you keep your legs together as close as possible. Do not lie down!

1 « CHANCE » SUR 12 MILLIONS D'ÊTRE FRAPPÉ PAR LA FOUDRE

Tout le monde sait qu'il ne faut pas s'abriter sous un arbre lors d'un orage. Lorsqu'il tonne, le mieux est assurément de rester chez soi. Certes, la probabilité d'être frappé par la foudre n'est que de 1 pour 12.000.000, mais inversement, une personne sur deux meure lors-qu'un éclair s'abat près d'elle. Que faire donc, si l'on est surpris par l'orage en pleine campagne ? Surtout ne pas s'allonger par terre, mais se tenir debout et si possible à pieds joints.

DE KANS OM DOOR DE BLIKSEM TE WORDEN GETROFFEN IS 1 OP 12 MILJOEN

Tijdens een hevig onweer is schuilen onder een boom wel het laatste wat je moet doen. Het beste is om dan helemaal niet buiten te zijn. Hoewel de kans om door de bliksem te worden getroffen maar 1 op 12.000.000 is, tonen de statistieken aan dat slechts 1 op de 2 mensen die door de bliksem geraakt worden, het nog kunnen navertellen. Wat er ook van zij, als je ooit in open terrein in een storm terechtkomt, hou dan zeker je benen zo dicht mogelijk bij elkaar en ga niet liggen!

300,000,000

EACH YEAR, 300 MILLION PEOPLE DIE FROM THE RESULTS OF SMOKING

An old black & white featuring Humphrey Bogart without a cigarette in his mouth? No way! Most of the movie heroes on today's silver screen, however, have gone smoke-free. Indeed, even the dream factory of Hollywood has caught on to the fact that tobacco is bad for our health. The sad truth is that 300.000.000 people die from the results of smoking every year. Unfortunately, the image of puffing on a cigarette as the embodiment of "Cool" continues unabated, especially among young people.

300 MILLIONS DE VICTIMES DU TABAC CHAQUE ANNÉE

Un film en noir et blanc avec Humphrey Bogart sans cigarette ? Inimaginable ! Les choses ont cependant bien évolué à Hollywood depuis les années 40, puisque les stars actuelles sont rarement présentées la cigarette à la bouche. C'est parce qu'entre-temps, on s'est aperçu des ravages causés par le tabac : 300.000.000 de victimes par an. Malheureusement, de nombreux jeunes continuent de fumer car ils pensent que c'est « cool ».

ELK JAAR STERVEN ER 300 MILJOEN MENSEN AAN DE GEVOLGEN VAN ROKEN

Een oude zwartwitfilm met Humphrey Bogart zonder sigaret in zijn mond? No way! De meeste filmhelden op het witte doek van vandaag zijn echter wel rookvrij. Want zelfs de droomfabriek van Hollywood heeft ondertussen wel begrepen dat tabak slecht is voor onze gezondheid. De trieste waarheid is dat elk jaar 300.000.000 mensen sterven aan de gevolgen van roken. Helaas blijft het beeld van het trekken aan een sigaret als de belichaming van al wat "cool" is tot op vandaag onverminderd bestaan, vooral dan bij de jeugd.

14,000,000

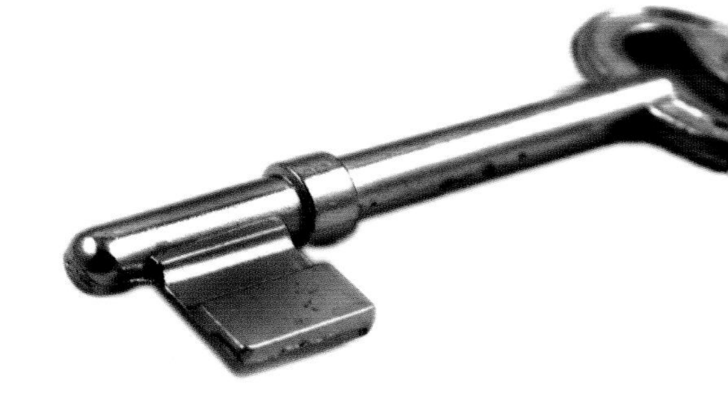

FINDING THE LOCK MATCHING A KEY AT RANDOM IS 1 TO 14 IN A MILLION

Anybody who's ever tried to settle in Paris knows how hard it is to find a place to live in the French capital. But try finding a place to live when you don't even know where it is. Suppose you're in Paris and somebody hands you a totally anonymous key. The odds of finding the right door for it are 1 to 14,000,000. Of course, that's still better than the odds of ever finding yourself in a situation like that in the first place.

1 CHANCE SUR 14 MILLIONS DE TROUVER LA BONNE SERRURE

Il est très difficile de trouver un appartement à Paris – et encore plus si l'on ne sait pas où il se trouve. Imaginons que quelqu'un vous donne la clé d'un appartement sans vous en donner l'adresse. Vous auriez une chance sur 14.000.000 de dormir au chaud cette nuit. Notons toutefois que la probabilité de se trouver dans une situation de ce type est encore bien plus faible.

DE KANS HET SLOT TE VINDEN DAT PAST BIJ EEN SLEUTEL IS 1 OP 14 MILJOEN

Iedereen die al eens in Parijs zijn of haar geluk is gaan beproeven, weet hoe moeilijk het is om in de Franse hoofdstad een woning te vinden. Maar probeer maar eens een woning te vinden wanneer je niet eens weet waar die is. Veronderstel dat je in Parijs bent en iemand geeft jou een volledig anonieme sleutel. De kans dat je de juiste deur vindt, bedraagt 1 op 14.000.000. Natuurlijk is de kans dat je ooit in zo'n situatie zou terecht komen, nog oneindig veel kleiner.

318,979,564,000

IN CHESS, YOU HAVE 318,979,564,000 WAYS TO MAKE YOUR FIRST 4 MOVES

Although chess may not seem like an exciting game, its champions never fail to amaze the whole world with their skills. That's because any good chess player needs immense combination skills. Every game of chess offers 318,979,564,000 possibilities just for the first 4 moves. Naturally, nobody can memorize them all and produce them at the drop of a hat, but it definitely helps to explain the intense concentration expressed on the faces of many a chess player.

318.979.564.000 OUVERTURES POSSIBLES AU JEU D'ÉCHECS

Les échecs ne sont pas vraiment un sport d'action, et pourtant les championnats fascinent les foules du monde entier. C'est probablement dû au fait qu'on apprécie à sa juste valeur l'intelligence des joueurs qui savent choisir la meilleure des combinaison possibles. Rien que pour les 4 premiers coups, ils ont le choix entre 318.979.564.000 possibilités. Impossible évidemment de les avoir toutes en tête. Serait-ce là ce qui explique la mine perplexe de certains joueurs au commencement d'une partie ?

318.979.564.000 MANIEREN VOOR JE EERSTE 4 OPENINGSZETTEN BIJ HET SCHAKEN

Hoewel schaken misschien geen bijzonder opwindend spel lijkt, blijven de kampioenen van deze sport de hele wereld met hun kunnen verbazen. De reden hiervoor is dat elke goede schaakspeler immense combinatievaardigheden moet hebben. Elk spelletje schaak biedt gewoon al voor de eerste 4 zetten 318.979.564.000 mogelijkheden. Natuurlijk kan niemand die allemaal memoriseren en zomaar te voorschijn toveren, maar dit simpele feit helpt wel alvast de intense concentratie op de gezichten van vele schaakspelers te begrijpen.

1,241,000,000,000

THE CLOSEST CALCULATION OF PI STANDS AT 1,241 BILLION DECIMALS

Most of us may remember the entity pi from high-school math. Usually, all you need for calculating circumference are its first two decimals after the period. Even the most complex calculations hardly require more than 20 decimals. The number of decimals of pi tends to be infinite, anyway. Some scientists, however, are determined to figure out the most accurate value of pi. Right now, the record stands at 1,241 billion decimals. If you were to print this number out, it would fill close to 100,000 books at a thousand pages each.

1.241 MILLIARDS DE CHIFFRES APRÈS LA VIRGULE POUR PI

Tout le monde sait depuis l'école primaire que le nombre pi, qui permet de calculer la circonférence du cercle, est égal à 3,14. Les scientifiques, qui ont besoin de mesures extrêmement précises, utilisent pour leur part jusqu'à 20 chiffres après la virgule. Mais pi est un nombre transcendant, c'est-à-dire que le nombre de chiffres après la virgule est infini. Qu'à cela ne tienne : depuis toujours, les mathématiciens calculent et recalculent pi, le record de chiffres après la virgule étant actuellement de 1.241 milliards. Si l'on voulait imprimer ce nombre calculé par ordinateur, il faudrait environ 100.000 livres d'un milliers de pages.

1.241 MILJARD CIJFERS NA DE KOMMA

De meesten onder ons kennen nog wel de entiteit pi van de wiskundelessen op de middelbare school. Gewoonlijk heb je voor de berekening van de omtrek slechts de eerste twee cijfers na de komma nodig. Zelfs voor de meest complexe berekeningen zijn nauwelijks meer dan 20 cijfers na de komma nodig. Het aantal cijfers na de komma van het getal pi zou overigens oneindig zijn. Sommige wetenschappers zijn echter vastbesloten om de meest nauwkeurige waarde van pi te bepalen. Momenteel staat het record op 1.241 miljard cijfers na de komma. Als je dit getal zou uitprinten, zou het bijna 100.000 boeken van duizend pagina's elk vullen.

26433 83279 50288 41971 69399 37510 58209 74944
23846 26433 83279 50288 41971 69399 37510 58209 74944
93 23846 26433 83279 50288 41971 69399 37510 58209 7494
9793 23846 3 8327 69399
89793 433 83 1 69399
535 6433 8 71 6939
26433 971 693
26433 1971 69
46 2643 41971 6
846 264 41971
3846 26 8 41971
23846 288 4197
23846 288 419
93 2384 0288 41
89793 238 50288 4
89793 2 50288 4 7510
535 89793 50288 4 9 375
26535 8979 9 50288 4197 69399 37
59 26535 897 9 50288 41971 69399
4159 26535 8 9 50288 41971 693
4159 2653 50288 41971

5,200,000

SINCE 1996, 5.2 MILLION LITERS OF BLOOD HAVE BEEN SPILLED IN WARS

It's a sad fact that war has always been around. Even in our time, there are many crisis regions in the world, where blood is spilled on a daily basis. Since 1996, conflicts of war have claimed the lives of 860,000 soldiers and civilians. Their blood, all 5,200,000 liters of it, could fill 2 Olympics-size swimming pools. But there is a shimmer of hope: Our world is becoming more peaceful. In the early 1950s, the number of war casualties amounted to 600,000 per year. Today, it's less than 100,000.

5,2 MILLIONS DE LITRES DE SANG VERSÉS AUX GUERRES DEPUIS 1996

La guerre est une constante de l'histoire de l'humanité et jusqu'à l'heure actuelle, de nombreux conflits ensanglantent diverses régions du monde. Au total, 860.000 soldats et civils sont morts par faits de guerre depuis 1996. Avec leur sang (5.200.000 litres), on pourrait remplir 2 piscines olympiques. Seule petite consolation : notre monde semble malgré tout s'apaiser puisque, si les conflits faisaient jusqu'à 600.000 morts par an au début des années 1950, on ne compte « plus que » 100.000 victimes annuelles dans les guerres actuelles.

SINDS 1996 IS AL 5,2 MILJOEN LITER BLOED VERGOTEN IN OORLOGEN

Het is een triest feit dat oorlog altijd bestaan heeft. Zelfs nu in onze tijd zijn er veel crisisregio's in de wereld waar dagelijks bloed wordt vergoten. Sinds 1996 hebben oorlogsconflicten al het leven gekost aan 860.000 soldaten en burgers. Met hun bloed, dat wil zeggen met de volledige 5.200.000 liter, zou je 2 Olympische zwembaden kunnen vullen. Maar ondanks alles is er toch een heel klein beetje hoop: onze wereld is vreedzamer aan het worden. In het begin van de jaren 1950 bedroeg het aantal oorlogsslachtoffers 600.000 per jaar. Vandaag zijn er dit minder dan 100.000.

NO DIVING